一本书明白

肉鸽
高效养殖技术

YIBENSHU

MINGBAI

ROUGE

GAOXIAOYANGZHI

JISHU

韩占兵　主编

"十三五"国家重点
图书出版规划

新型职业农民书架·
养活天下系列

山东科学技术出版社　山西科学技术出版社　中原农民出版社
江西科学技术出版社　安徽科学技术出版社　河北科学技术出版社
陕西科学技术出版社　湖北科学技术出版社　湖南科学技术出版社
中原农民出版社　　　　　　　　　　　　　　　　联合出版

U0242786

图书在版编目（CIP）数据

一本书明白肉鸽高效养殖技术 / 韩占兵主编. — 郑州 : 中原农民出版社, 2018.10
（新型职业农民书架）
ISBN 978-7-5542-2009-2

Ⅰ.①一··· Ⅱ.①韩··· Ⅲ.①肉用型—鸽—饲养管理 Ⅳ.①S836

中国版本图书馆CIP数据核字（2018）第223461号

一本书明白肉鸽高效养殖技术

主　编　韩占兵
副主编　杨建平　赵书强
参　编　范佳英　肖曙光　张　潇

出版发行	中原出版传媒集团　中原农民出版社
	（郑州市经五路66号　邮编：450002）
电　话	0371-65788655
印　刷	河南安泰彩印有限公司
开　本	787mm×1092mm　1/16
印　张	9.25
字　数	137千字
版　次	2019年1月第1版
印　次	2019年1月第1次印刷
书　号	ISBN 978-7-5542-2009-2
定　价	49.00元

目录
Contents

专题一
肉鸽的品种与选育

专题提示

1. 肉鸽的外貌特征。
2. 肉鸽的生活习性。
3. 肉鸽的主要品种。
4. 肉鸽引种关键技术。
5. 肉鸽育种。
6. 肉鸽选育关键技术。
7. 肉鸽品种的提纯复壮。

一、肉鸽的外貌特征

肉鸽各部位名称见图1。

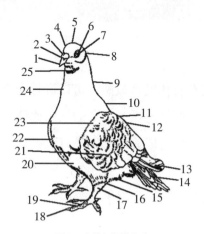

图1　肉鸽各部位名称

1.喙　2.鼻孔　3.鼻瘤　4.前额　5.头顶　6.眼环　7.眼球　8.后头　9.颈　10.肩　11.背　12.鞍

13.主翼羽　14.尾羽　15.腹部　16.跗关节　17.胫　18.爪　19.趾　20.胸　21.翼　22.胸前　23.肩羽

24.颈前　25.咽部

1

鸽子羽色多种多样，有白色、黑色、绛色、灰二线、雨点等，同一品种可有几种不同的羽色。作为肉鸽，白色羽最受欢迎。

二、肉鸽的生活习性

1. 晚成雏

肉鸽是目前家禽中唯一属于晚成雏的类型，刚出壳的幼鸽（图2），体表只有少量纤细的绒毛，眼睛还没有睁开，腿脚软弱无力，不能站立，不能独立觅食，需要亲鸽哺喂鸽乳才能成活。所谓鸽乳，是指亲鸽嗉囊上皮细胞分泌的一种米黄色、黏稠状营养物质，主要成分中水分占 70%～80%，蛋白质占 14%～16%，脂肪占 6%～11.7%，灰分占 1.0%～1.8%，碳水化合物占 0.77%。乳鸽刚出壳时，鸽乳分泌最快，一般一昼夜可分泌 20 克左右。亲鸽哺喂时，幼鸽将喙插入其喙角，亲鸽伸颈低头，将鸽乳吐入幼鸽口中。

图2　刚出壳的幼鸽

2. 单配制

肉鸽长到 6 个月左右身体发育成熟，可以进行交配和产蛋。肉鸽的繁殖需公、母配对后才能进行，严格遵循 1：1 的性别比例，多只种鸽放入同一笼中会相互打斗，不能繁殖后代。成鸽对配偶是有选择的，一旦配对后，总是亲密地生活在一起，"夫妻"关系维持比较持久，通常能保持终生。公、母亲鸽共同承担筑巢、孵卵、哺育幼鸽、守卫巢窝等职责。

图3　肉鸽配对

3. 素食性

肉鸽没有胆囊，是天生的素食者。肉鸽喜欢吃植物性饲料，而且喜欢采食颗粒状的原粮，如整粒的玉米、豌豆、小麦、高粱等。如果将原粮粉碎饲喂，就会出现厌食现象，采食量下降，影响正常产蛋和哺喂。除了喂给原粮外，肉鸽饲养需要特殊的添加剂，称为保健砂（图4），用来补充矿物质、微量元素。另外，保健砂中的砂砾还可以磨碎吃进去的原粮。近年来，肉鸽专用颗粒饲料的研制取得成功，在一些养殖密集区得到了推广，比如河南省偃师市。颗粒饲料的应用，可以很好利用豆粕等饼粕类蛋白质饲料原料，同时可以将维生素、微量元素加入颗粒饲料中，提高了饲料的全价性。但是肉鸽不能全部饲喂颗粒饲料，一般做法是原粮玉米和蛋白质颗粒饲料配合应用。

图4　保健砂

肉鸽的食管宽松，嗉囊发达。嗉囊是食管进入胸腔前形成的一个暂时储存食物的膨大的盲囊，位于食管颈段和胸段交界处的锁骨前方。嗉囊内的黏液腺分泌的黏液可使食物保持适当的温度和湿度，食物经适当发酵而软化，然后再送到肌胃或吐出哺喂幼鸽。健康的肉鸽进食饲料后，嗉囊会因充满食物而胀起来，正常情况下6小时左右嗉囊内的食物就会完全进入胃肠，此时用手触摸嗉囊可判断肉鸽的消化系统是否健康。

另外，保健砂中的沙粒和细石子对肉鸽饲料消化很重要，当其缺乏时会使消化率下降25%～30%，粪便中会出现未经消化的整粒原粮。一般要求在肉鸽的保健砂中加入15%～30%的河沙。

4. 群居性

肉鸽的群居性较强（图5），喜欢大群觅食活动，很少独来独往。生产中青年种鸽常常大群饲养，很少发生争斗行为，能够和平相处。肉鸽长到3～4月龄，随着鸽群逐渐进入性成熟，偶尔会因为争夺配偶而发生一些摩擦，但总有一方会妥协走开，而不会做殊死搏斗。现代肉鸽生产，为了方便管理，种鸽繁殖期一般进行单笼饲养，一公一母上笼配对，减少其他鸽的互相干扰，提高了种鸽的产蛋量和乳鸽的成活率。肉鸽的听觉特别灵敏，各种声音均可引起警觉，惊惧时突然伸颈抬头，不断东张西望，带有紧张情绪，或突然急跑扑飞，发出急促的"咕咕"声。日常管理要求外界环境安静，特别是大风、大雨和天气发生剧变时要关闭门窗，日常尽量降低饲养员人为因素的刺激干扰。饲养员查栏、并蛋、乳鸽并窝及捉鸽的动作需温和，还要定期灭鼠、灭蚊，减少鼠、蚊对种鸽的干扰。

图5 鸽群

5. 好洗浴

肉鸽特别喜欢洗浴，包括水浴或沙浴，用来保持身体干净，同时清除体表的寄生虫，如羽虱、螨等。青年鸽群养时，饲养场地面要设置一个专用洗浴池或浴盆，水深 10～15 厘米，每天早晨清洗水池，更换清洁的水。笼养种鸽也要定期抓出，人工辅助洗浴，以清除体表寄生虫。沙池可代替水池，同样可以起到清洁羽毛的作用，同时在沙中放入硫黄粉，用以清除体表寄生虫。群养鸽饮水器最好采用封闭式，避免鸽进入洗澡，弄脏饮水而致病。

6. 繁殖周期性

肉鸽的繁殖具有明显的周期性，不像其他家禽能够天天产蛋，这与其晚成雏的特性有关。肉鸽的繁殖过程包括配对、筑巢、产蛋、孵化、育雏等环节，全部由父母亲鸽共同完成。种鸽笼养时，产蛋平均间隔为 45 天，最短仅 30 天（为高产鸽），最长可达到 60 天（为低产鸽）。也受季节影响，春夏季产蛋间隔短，秋冬季产蛋间隔长。肉鸽养殖一定要做好每对种鸽的产蛋记录与乳鸽生产记录，发现由于遗传原因、年龄因素造成的产蛋间隔延长或不产蛋的种鸽要坚决淘汰。随着年龄的增长，种鸽的产蛋间隔会逐渐延长，要根据生产记录淘汰老龄低产鸽。肉鸽的孵化期为 18 天（从产下第一枚种蛋算起），父母亲鸽轮流孵蛋，共同完成孵化任务。乳鸽出壳后，需要亲鸽哺喂 25～28 天即可离巢，一个繁殖周期结束。肉鸽的孵化率与乳鸽成活率均较高，每对种鸽年产乳鸽数可以达到 8 对左右，高产种鸽甚至达到 10 对以上。

7. 嗜盐性

肉鸽的祖先原鸽长期生活在海边，常饮海水，故形成了肉鸽嗜盐的习性。如果肉鸽的日粮中长期缺盐，会导致肉鸽的繁殖、生长等生理机能紊乱，出现病态。每只成年种鸽每天需盐大约 0.2 克，日粮中盐分过多会引起食盐中毒。肉鸽由于采食原粮饲料，食盐的供给主要是通过保健砂来完成。一般食盐的用量占到保健砂的 4%～5%。

8. 栖高习性

鸽子作为一种陆生禽类，野生状态下其天敌较多，需要在高处栖息来躲避敌害，特别在夜晚休息时。肉鸽除了采食、饮水、求偶、交配时会飞到地面，平时休息、梳理羽毛均喜欢在高处，也喜欢在高处筑巢，保证鸽蛋与肉鸽的安全。青年种鸽大群饲养时，需要在舍内、舍外设置栖架（图6）。种鸽繁殖阶段适合笼养，在笼中较高处设置巢盆，保证安静孵化与育雏。

图6 栖架

9. 适应性强

原鸽分布较广，热带、亚热带、温带和寒带均有分布，因此肉鸽的抗逆性特别强，对周围环境和生活条件有较强的适应性。肉鸽养殖在我国南方、北方均能进行，对场地的要求也不高。华南一带人们喜食肉鸽，是我国肉鸽养殖较早的地区，近年来肉鸽养殖在西北地区、中原地区、华北地区、东北地区各省市得到了快速发展，均取得了成功，这与肉鸽较强的适应性密不可分。肉鸽具有较高的警觉性，若受天敌（鹰、猫、黄鼠狼、老鼠、蛇等）侵扰，就会发生惊群，极力企图逃离饲养场地与笼舍，逃出后便不愿再回笼舍栖息。

但生产中要注意，酷暑、严寒、潮湿对种鸽生产均会造成不利影响。炎热易引起鸽中暑，寒冷易冻伤、冻死乳鸽。连续阴雨潮湿天气，乳鸽易腹泻，羽毛脏、松、乱，疾病增多，死胚蛋增多。日常管理要求：防寒防暑，特别是在天气发生剧变时及早做好相应的预防工作，炎热时保持房舍通风透气，寒冷时保温防贼风，阴雨潮湿天时保持房舍及设备干燥，饲料与保健砂也必须保持干燥。

10. 驭妻性

鸽子配对筑巢后，公鸽就开始迫使母鸽在巢内产蛋、孵化。如母鸽在孵蛋的过程中有离巢，公鸽会不顾一切地追逐母鸽，让其归巢孵蛋，不达目标绝不罢休。这种驭妻行为的强弱与其高产性能有很大的相关性。生产中常常会见到驭妻性太强的公鸽对母鸽啄咬，会造成母鸽受伤，甚至头破血流，因此留种时要避免驭妻性太强的公鸽。

三、肉鸽的主要品种

我国饲养利用的主要肉鸽品种如下：

1. 美国王鸽

美国王鸽（图7）是世界著名肉鸽品种，于1890年在美国新泽西州育成，含有鸾鸽、马耳他鸽、贺姆鸽以及蒙丹鸽等血统。目前美国王鸽已遍布世界许多国家和地区，在世界养鸽业中，无论数量还是分布范围，都名列前茅。广东省、上海市在20世纪80年代中期先后从美国、泰国、澳大利亚等国引进纯种白羽、银羽和蓝羽王鸽。目前纯种王鸽在我国已不多。

图7　美国王鸽

品种特征：头部较圆，前额突出，喙细，鼻瘤小，胸宽背阔，尾中长微翘，侧面呈元宝形，体态美观。体形大，成年公鸽体重达750～900克，母鸽体重达650～750克。年产蛋18～20枚，可育成乳鸽6～8对。4周龄乳鸽平均体重550克。

美国王鸽有多种羽色，其中白王鸽的活动能力最强，抗病能力和对气候的适应性也强，屠宰率较高，屠体美观，最受市场欢迎。银王鸽的翅膀上有两条浅棕色的带，体重比白王鸽重，能达800～1 020克，产肉性能优良。

2. 杂交王鸽

杂交王鸽（图8）又称东南亚王鸽、落地王鸽，由深圳光明农场从香港引进。与纯种王鸽相比，体形细长，体重稍轻，尾羽不上翘。特点是繁殖率高、母性好，适合我国广大地区饲养，现在该品种遍布于我国各地，尤其是北方地区，但已出现明显的品种退化（表现为体重下降、乳鸽个体参差不齐）。杂交王鸽年产仔数 8～10 对，成年体重公鸽 650～750 克，母鸽 550～650 克，乳鸽 28 日龄体重达 550 克。有多种羽色，但白色羽最受欢迎，也最常见。

图 8　杂交王鸽

3. 卡奴鸽

卡奴鸽（图 9）原产地法国北部和比利时南部，最初羽色为红色和黄色。白色卡奴鸽是美国棕榈鸽场于 1915 年开始培育，1932 年育成的。它是利用法国和比利时红色带有较多白色羽毛的卡奴鸽，与白色贺姆鸽、白色王鸽和白色仑替鸽等杂交育成。1986 年深圳市引进了白羽和绛羽卡奴鸽，现仍有饲养。

图 9　卡奴鸽

品种特征：站立时身体上挺，尾部刚刚离开地面，前额鼓圆，两眼间距宽，颈粗短；胸宽，胸肌丰满，屠体美观；翅膀短，羽毛紧贴。卡奴鸽育雏一窝紧接一窝，不停地哺育仔鸽，即使做保姆鸽也能一窝哺育 3～5 只仔鸽，是公认为模范亲鸽和餐桌上品。成年公鸽体重 650～740 克，母鸽体重 600～690 克，年产仔 9～10 对，28 日龄乳鸽体重 550～600 克。

4. 石岐鸽

石岐鸽（图 10）为我国优良的肉用鸽品种之一，原产地广东省中山市石岐区。据资料记载，石岐鸽出现在 1915 年，是由中山的海外侨胞带回的优良种鸽与中山本地优良鸽品种进行杂交培育而成的。石岐鸽体形与王鸽相似，但其身体、翅膀、尾羽均较长，形如芭蕉蕾。成年公鸽体重 750 克，母鸽体重 650 克，年产仔 7～8 对，28 日龄乳鸽体重 500～600 克。石岐鸽适应性强，耐粗饲，性温驯，毛质好，肉有香味。蛋壳较薄，孵化时易破碎，但只要窝底垫料柔软，不夹杂沙石和硬粪团，破卵现象可大大减少。羽色灰二线和细雨点多见，红绛、花鸽也不少。石岐鸽已遍布我国各地，占我国肉鸽生产比例较大。

图 10　石岐鸽

5. 公斤鸽

公斤鸽（图 11）是我国著名养鸽专家陈文广培育的。该品种产于昆明，含有贺姆鸽等鸽血缘，体重 1 千克左右，故称公斤鸽，适应性强，抗逆性强，飞行能力强。幼鸽前期生长快，早熟、易肥、省饲料。体形偏长，瓦灰色居多，亦有其他毛色。

图 11　公斤鸽

四、肉鸽引种关键技术

1. 引种场选择

引种场最好选择建场时间在 2 年以上、积累有丰富养殖育种经验、有信誉和技术实力的正规良种肉鸽繁育场（图 12），育种种鸽存栏最好能达到 1 万对以上规模；还要看其是否持有当地畜牧部门颁发的种畜禽生产经营许可证、动物防疫合格证，工商局注册的营业执照，技术监督局颁发的组织机构代码证，当地税务机关批准的税务登记证等相关证件。肉鸽良种场应有系统的生产记录、育种记录和系统的免疫程序，不存在炒种行为。留种用青年鸽 40 日龄价格一般来说为 60 元 / 对，对于初养者，不宜引进，因为第二个月是雏鸽成长过程

图 12　肉鸽繁育场

中的关键点，这时雏鸽较难养，成活率相对低，特别是饲养环境和养殖技术水平不到位的情况下，成活率更低。2月龄青年种鸽价格每对增加20元，以后每对青年种鸽每养殖1个月增加15元。5～6月龄种鸽为每对100～120元，也最适合初养者引种。引种同时应附带种畜禽场出具种禽合格证明，并向购种单位索取供种资质证明(供种单位的种畜禽生产经营许可证复印件)、品种数量证明。

2. 品种选择

肉鸽的品种很多，目前国内饲养量较大的引进品种是杂交王鸽、卡奴鸽、欧洲肉鸽等。杂交王鸽的特点是生长速度快，繁殖率高，育雏性能好。石岐鸽为我国培育品种，具有肉质好、产蛋性能高的特点，在我国南方也有一定的饲养量。肉鸽羽色要求白色最好，白色羽乳鸽皮肤没有色素沉着，屠体美观。我国培育的肉鸽自别雌雄配套系泰深鸽能够在出壳后3天内根据羽色自别雌雄，解决了肉鸽早期雌雄鉴别难题，国内有用此鸽进行双母配对进行繁殖的鸽场，可以大大提高鸽群的产蛋性能，增加商品鸽蛋的上市数量。

3. 种鸽外貌与体重选择

饲养肉用种鸽的主要目的在于生产商品乳鸽。因此，在选择种鸽时要以乳鸽生产能力指标为主，兼顾乳鸽的产量与上市体重。肉鸽品种很多，不同的品种都有其品种特性。

种　鸽

作为优良的肉鸽品种应具备的基本条件：在羽毛颜色上，北方市场喜欢白色羽乳鸽，其皮肤没有色素沉积，屠体美观，而南方市场对羽色没有过多的要求，但对肉质的要求较高(胸肌发达、肌肉结实)；在体形外貌上，良种肉鸽要求结构匀称，发育良好，额宽喙短，眼大有神，胸宽深而向前突出，背平宽而长，龙骨直而不弯，腹大柔软，两脚粗壮且间距较宽，全身羽毛光洁润滑，紧贴身体，体形较长，而尾不垂地；在体重上，6月龄种鸽体重在750～800克,乳鸽28日龄上市体重500克以上。种鸽体重并不是越大越好,体重过大的种鸽在孵蛋时容易把蛋压破。体形太大,产蛋性能相对较差,孵化和育雏能力不理想;体形较小的种鸽,所产乳鸽生长发育速度较慢,上市体重达不到要求。引种时最好引进3～5月龄青年鸽,这时已经进入性成熟阶段,公母容易区分,通过性行为表现以及耻骨特征进行鉴别,严格按照公、母1：1比例引种,引入后1～3个月即可配对繁殖。

4. 引种年龄选择

肉鸽是多年繁殖家禽,但1～4岁的种鸽生产性能最高,养殖效益最好。因此引种最好引3～5月龄种鸽。注意不要引进老龄种鸽,年龄太大的种鸽利用期短,而且往往是将要淘汰的低产鸽。肉鸽年龄鉴别从以下几个方面进行。

(1)喙与鼻瘤

喙与鼻瘤

鸽子的喙与鼻瘤的特征具有年龄差异,细心观察可以用来判断种鸽年龄的大小。

乳鸽的喙又软又细又长,末端比较尖,看上去略长于成年鸽;青年鸽的喙比较细长,看起来幼嫩而尖,细致有光泽;老龄鸽的喙粗而短,龄期越大,喙的前端越钝越光滑。乳鸽的鼻瘤看上去红润,而童鸽则是浅红并且有光泽;两年以上的鸽,鼻瘤上有一层薄薄的粉白色外层,4年以上的鸽,鼻瘤不仅变得粉白,而且还比较粗糙;10年以上的鸽则鼻瘤显得干枯。另外,成鸽由于哺育乳鸽,嘴角会出现茧子,结成痂状。年龄越大,哺育的乳鸽就越多,嘴角的茧子就越大,5年以上的鸽,嘴角两边的结痂像锯齿一样。

（2）脚

脚

　　青年鸽的脚颜色鲜红，鳞纹不明显，趾甲软而尖；两岁以上的鸽脚的颜色则是暗红色，鳞纹细而明显，鳞片及趾甲变得有点硬有点弯；5岁以上的鸽脚的颜色则变成紫红色，鳞纹又明显又粗，白色鳞片突出并且粗糙，趾甲粗硬而且变弯。脚垫软而滑的是青年鸽，脚垫厚而硬较粗糙且偏于一侧的是老龄鸽。

5. 种鸽运输

　　不论选用何种运输工具，应按下列要求做好各项工作，以减少种鸽伤亡或严重应激造成的损失。

　　（1）运输前免疫与驱虫　在起运前3天，应用0.2％的敌百虫水溶液药浴，天气冷时可在中午进行1次，天气热时可进行两次，通过药浴驱除体表寄生虫。抗应激方面，可以在饮水中添加多种维生素，连

续饮用 2 ~ 3 天再运输。

（2）做好检疫 调出种鸽于起运前 15 ~ 30 天在原种鸽场或隔离场进行检疫，如未发现疫病情况，由检疫部门出具种鸽检疫证明书。

（3）运输车辆 运输笼具采用直径 3 毫米镀锌铁丝焊接而成，长、宽、高分别为 60 厘米、50 厘米、20 厘米，每根铁丝间距 2 厘米，底部铺塑料网片，防止鸽头、脚爪伸出挤伤，每笼装 20 只。

（4）装车 启运前一餐的饲喂有七八成饱即可，即每只鸽饲喂 20 ~ 30 克饲料，不宜喂得过饱，但必须使种鸽饮足清洁饮水。

（5）运输途中管理 运输过程中每 2 小时检查一次种鸽的动态，发现种鸽张口呼吸、羽毛潮湿，说明温度偏高；若种鸽缩头、打战，说明温度太低，都应及时采取措施调节。还应注意不要急刹车，防止挤堆造成伤亡。

6. 种鸽到场处理

（1）30 ~ 60 日龄童鸽 此阶段童鸽离开亲鸽后对饲料和环境有一个适应过程，再加上运输过程中的应激因素，因此一定要严格按照童鸽时期的管理要求，精心饲养。这段时期注意预防白色念珠菌病（鹅口疮）的发生，可用甲硝唑或硫酸铜进行预防。

（2）60 ~ 90 日龄童鸽 实践证明此阶段是鸽一生发病率和死亡率最高的时期，一定要预防传染病的发生。鸽瘟、鸽副伤寒、眼炎、大肠杆菌病为此期常见病。

（3）青年鸽 青年鸽是肉鸽场引种的主要类型。这段时期肉鸽生长发育基本稳定，身体各项机能趋于完善，抗病力、适应性大大提高。因此，引进青年鸽鸽群的患病概率很小，但也应做好鸽舍的通风换气工作以预防呼吸道疾病的发生。天气变化时适当进行药物预防。青年种鸽每栏饲养数量以 50 ~ 100 对为宜，以离地饲养为最佳。种鸽因长途运输，饲养环境的改变，往往容易发生应激，故应细心管理，增加营养，预防疾病。低月龄青年鸽更是如此。

（4）繁殖期种鸽 有些养殖户为了立竿见影进行乳鸽生产，往往会引进繁殖期种鸽进行饲养。繁殖期种鸽在运输过程中要注意平稳，减少对发育成熟性腺的影响。到达目的地后要注意提高饲料蛋白质的含量，增加保健砂供给。加红霉素饮水 3 天，能缓解应激，提高产蛋率和受精率，减少孵化死胎率和仔鸽病亡率，能使种鸽尽快适应，提高繁殖率。

7. 引种后的隔离观察

　　隔离期为了促使种鸽尽快恢复体况，可通过加强种鸽营养，精心管理，来增强体质，预防疾病。如可调整饲料中蛋白质饲料和能量饲料的比例，保持饲料营养充足，即蛋白质饲料占 20%～25%，能量饲料占 75%～80%，原粮饲料种类多样化。饮水中加入多种维生素、金霉素或红霉素等抗生素。当天气暖和，鸽群精神状态好转时，可每周 2～3 次药浴，以驱除体外寄生虫。若种鸽原为地面平养时，可用左旋咪唑或驱虫灵等驱除体内寄生虫；若原为离地平养，可推迟至种鸽配对前半个月驱虫。

五、肉鸽育种

1. 杂交育种

（1）引入杂交　如现有品种、品系主要生产力方向能够适应市场需求，只是存在个别缺点，这种情况下可以采用引入杂交法，选择优秀的针对其缺点的雄性种鸽进行有限杂交，杂交 1 代雌鸽与原品种雄鸽回交，使改良用种鸽的血统降至 1/4，如果效果理想则闭锁群体，继代选育固定即可，如果外血含量还需降低，则杂交 2 代再一次与原品种雄鸽回交，使改良用种鸽的血统降至 1/8

再闭锁群体。

（2）级进杂交 级进杂交法主要是改变一些种群的生产方向，如现有种群除了数量和适应性之外，已经不能够适应市场的需求，此时可以采用级进杂交法，即用改良品种雄性种鸽杂交该品种雌鸽，并且杂交代雌鸽逐代与改良用雄鸽杂交，直至改良品种鸽的血统在群体中上升到绝对优势，并且群体的生产力水平和生产方向达到市场需求时，闭锁群体横交固定。

2. 肉鸽配套系选育

配套系选育是通过定向选择、培育专门化品系，分解育种过程中的育种任务，使各专门化品系分别承担不同的性状改良任务，尽快获得明显的遗传改进，利用配合力测定技术，筛选最佳的杂交组合，育成高产配套系。

肉鸽育种在中国刚刚起步，需要加大投入，在科研单位的指导下开展工作，真正培育出更多、更好的具有中国畜禽新品种证书的优良肉鸽新品种，切忌急功近利，短期行为，以免重蹈覆辙，阻碍中国肉鸽业健康发展。

六、肉鸽选育关键技术

1. 肉鸽的选种方法

选种工作要结合本品种要求，从个体品质鉴定、系谱鉴定、后裔鉴定等方面综合考虑、分析、对比，最后做出科学的评判。

个体品质鉴定

个体品质鉴定主要是通过观察、触摸和测量等手段对种鸽的外貌特征、健康状况、体重生产力及年龄等方面进行判断。

（1）外貌特征 种鸽应具备明显的本品种特征，还应体形大，体质强健，性情温驯，眼亮有神，羽毛光亮，无畸形，躯体长短适中。一般白色羽肉鸽在市场上普遍受到欢迎，价格较高。

（2）健康状况 所选种鸽发育良好，肌肉丰满，肌肤细腻，抗病能力强。

（3）体重 6月龄性成熟，上笼配对时要求雄鸽体重在750克以上，雌鸽体重在600克以上。

（4）生产力 所选种鸽要求产蛋多，蛋形大，孵性好，母性强，产肉量高。年产仔鸽6～7窝，乳鸽25～28日龄体重达500克以上。生产中要及时淘汰产仔数和乳鸽体重不达标准的种鸽。

（5）年龄 1～4 岁的种鸽生产性能高，养殖效益好。引种最好引 6 月龄左右刚开产的种鸽，年龄太大的种鸽利用期短。

系谱鉴定

就是根据肉鸽系谱中记载的祖先资料，如生产性能、生长发育以及其他相关资料进行分析评定的一种种鸽选择方法。系谱鉴定多用于幼鸽的选择，因为幼鸽正处于生长发育时期，本身还没有生产成绩记录可供参考，用祖先资料可对其进行合理选择。在进行系谱鉴定的时候，参考资料应重点放在亲代上，尤其上代雌鸽对儿女的影响更大，而祖代以上对后代的影响逐渐减小。另外，还要注意祖先遗传性状的稳定程度，如各代祖先的性能都较整齐而且呈上升趋势，则这样的系谱较好，应注意选留其后代，淘汰一代比一代差的鸽子。

后裔鉴定

主要是用后代的体形、体质、体重、产蛋、育雏、乳鸽生长速度、抗病力、饲料利用率等方面来衡量留用种鸽是否把优良性状真实稳定地遗传给下一代，从而证实留种的正确与否，然后做进一步的留用或淘汰选择。

（1）后裔与亲鸽比较 用子代雌鸽的繁殖性能（主要是产蛋间隔和年产蛋量）同亲代雌鸽进行比较，来判断亲代种公鸽的优劣。如果子代雌鸽的平均成绩超过其亲代雌鸽，说明亲代雄鸽是良好的种鸽。反之，则说明亲代雄鸽是劣种。

（2）后裔之间的比较 同父本、异母本交配后代生产性能相比较，以此判定母本的优劣。

（3）后裔与鸽群的比较 种鸽后裔的生产水平与鸽群的平均生产水平比较，来判断雄雌亲鸽的优劣。后代的优劣与双亲的遗传密切相关，但同时也受到环境条件的影响。因此应注意给后裔提供与群体相同或相似的饲养环境和饲养管理方法。

2. 留用种鸽应具备的条件

经过科学的选种过程，被留作种用的肉鸽须具备以下条件：

体形外貌

　　要求种鸽具有本品种特征，体形大，体格健壮，无遗传疾病。选择时除了体形和体重大之外，还要结构匀称，额宽喙短，龙骨平坦，胸深，背宽长，肌肉丰满，两脚间距宽，早期生长快。

羽　色

　　一般消费者喜欢白羽的鸽子，因为白羽鸽的皮肤为白色或粉红色，所以王鸽、卡奴鸽等白羽品系受到肉鸽饲养场的广泛青睐。另外从遗传角度看，白羽对其他有色羽呈显性，白羽鸽与其他杂色羽鸽杂交产生的子代鸽也为白羽。黄羽、棕羽的乳鸽皮肤也较好看，市场销路好。灰羽、黑羽的鸽子肤色不受欢迎，但是它们具有抗逆性强、繁殖率高的特点。针对以上羽色不同的种鸽的特点，可以根据需要选留。

繁殖率高

　　据生产记录选择产蛋多、孵性好、育雏好的种鸽继续留种，并把它们的后代作为留种的考查对象。而且留用种鸽年产仔鸽须在 6 对以上，低于 6 对者淘汰。一般高产种鸽，孵蛋与哺雏重叠进行，在雏鸽出壳后 20 天左右，产下下一窝蛋，雌雄鸽一面孵蛋，一面哺雏，这种繁殖性能好的种鸽，每年可获 7 对以上的商品乳鸽。反之，如果要待雏鸽 30 多天离巢后，种鸽才能产第二对蛋的繁殖率低的种鸽，一年只能生产 6 对以下的商品乳鸽。肉种鸽在 9 ～ 11 月换羽，如果种鸽在此期间不停产继续繁殖，全年生产均衡，则可以将这样的种鸽及其后代选为种用鸽。

　　繁殖率是肉鸽养殖最重要的经济性状之一，引进繁殖率高、母性好的种鸽是肉鸽养殖成功的关键。种鸽年产乳鸽数达到 6 ～ 8 对，越多越好，最高可以达到 10 ～ 11 对。母性好的种鸽孵化率、育雏成活率高，养殖效益也高。每年繁殖率低于 6 对的种鸽应该坚决淘汰。

性情温驯、抗逆性强

因为肉鸽管理效果的好坏，与种鸽特性关系密切，性情急躁易于受惊的种鸽不易管理，生产中间损失大；性情温驯的种鸽，容易接受管理，易于获得高的生产性能。抗逆性强的种鸽，在逆态环境下很少得病，即便环境卫生稍差，仍能保持健康，机能旺盛，终年不发生病害，甚至整个生命期也不患病。

孵蛋好，母性强

母性强的生产种鸽，既善于哺雏，又善于孵蛋。孵蛋期间，母性强的亲鸽很少发生离窝晾蛋的现象，更无离窝舍蛋的行为。母性差的种鸽，则不时出现离窝晾蛋行为，冬天经常发生冻死胚蛋现象，造成很大的损失。母性强的种鸽孵蛋时动作轻慎；反之，母性差的种鸽，孵蛋时动作粗拙，经常压碎蛋或把蛋拨出窝外，造成生产损失。而且母性是可以遗传的，应该留母性强的亲鸽及其后代作为种鸽。

鸽乳质量好，育雏能力强

欲得体重大、肉质好的商品乳鸽，除了饲料条件外，关键是要有善于哺雏且鸽乳质优的种鸽。哺雏能力强的亲鸽，能做到勤哺、满哺，经常把雏鸽喂得饱饱的。鸽乳质量好的种鸽，可使雏鸽出壳后4天内生长迅速，健壮体大，为获得优质乳鸽打下基础。

3. 肉鸽的选配方法

肉鸽的选配是有意识、有计划地选取公、母种鸽配对的过程。选配是选种的继续，选配正确，可以充分发挥优良鸽种的优势。选配的方法有以下3种：

品质选配

品质选配是根据种鸽雌雄双方的品质差异来决定配对组合，主要考虑公、母鸽生产性能特点和其他经济性状等品质。它包括同质选配和异质选配。

（1）同质选配　在品系内选择生产性能或其他经济性状相同的优良公、母鸽配对繁殖。同质选配的目的是保持和加强优良性状，达到"好的配好的，获得更好的"目的。

同质选配是选择在生产性能特点或其他经济性状相同的优良公、母鸽交配，这种配种可以增加亲代与后代的相似性和后代同胞的相似性，在遗传上可以巩固和加强优良性状在后代中的传递。但其缺点也容易在后代积累而影响到种用价值。因此同质选配只能用于品质优秀的种鸽，而且在选配中，为了提高同质选配的效果，选配应以一个性状为主。同质选配可分为两种：表现型同质选配和基因型同质选配。只根据个体表现，具有相似的生产性能和性状，并不了解双方谱系的配种称为表现型同质选配；根据谱系、家系等资料，判断具有相同基因型的个体间的交配称为基因型同质选配，近亲交配就是极端的基因型同质交配。

（2）异质选配　同一品种内不同品系间选择具有不同优点的公、母鸽配对繁殖，使两亲本的优点结合起来，繁殖出新组合型的优良个体，再进行优良性状的横交固定。但要注意，切不可将具有相反缺点的雌雄鸽配对，否则会培育出有更多缺点的后代。异质选配也可以分为两种，即表现型异质选配和基因型异质选配。

亲缘选配

亲缘选配指根据双亲的亲缘关系进行选配，根据双亲的亲缘关系的远近程度又分为：近交、非近交、杂交、远缘杂交4种方式。近交是使鸽的遗传性稳定，使后代有高度同质性，巩固和发展祖代的某些优良性状，但是近交到一定程度会引起品种退化，因此生产中要把握好近交的程度和代次。杂交可以产生新的变异，从而选育出新品系或新品种，或者是通过杂交利用杂种优势。在育种中，经常运用近交来固定优良性状，并保持优良品种或品系的血统，同时也是培育杂交亲本种群的必要手段。杂交可以获得较大的杂种优势，使后代表现优于亲本纯繁群体均值，更多使用在商品群体的生产上。

年龄选配

考虑公、母鸽年龄而进行的选配称为年龄选配。鸽的生活力随其年龄的增长而逐步减弱，后代品质也偏劣。通常肉鸽的寿命在10年左右，有的可达20年，最理想的繁殖年龄是1～5岁，以2～3岁最强，5岁以后种鸽的繁殖能力开始下降。老龄雄鸽与青年雌鸽配对，其后代表现型为母系性能占先；老龄雌鸽与青年雄鸽配对，其后代主要表现父系的性能。生产实践中，一般用青年雄鸽与老龄雌鸽配对，以充分利用优良的种公鸽。

七、肉鸽品种的提纯复壮

1. 引起肉鸽品种退化的原因

没有从正规种鸽场引种

一些肉鸽生产企业，认为肉鸽都是纯种繁育，不进行杂交，不分代次，可以随意引种，因此引种时对供种鸽场未进行严格挑选，在引种时鸽种就不纯，遗传性能不稳定，所以引种后出现生产性能低下等退化现象就在所难免。一些供种鸽场品种系统培育工作不完善，本身就存在品种退化问题。

另外，某些种鸽本身就是血统不甚清晰的杂交代，遗传性能不稳定，繁殖后代容易发生性状分离，以致大部分种鸽都出现不同程度退化，表现为体形大小不匀，整齐度差、毛色杂化，繁育性能明显下降，抗病力降低等。

长期近亲繁殖(小群留种、供种)

由于引种规模有限，引进的国外品种被迫采用近亲(兄妹、父女、母子或表兄妹等)交配繁殖模式，导致后代出现近交衰退现象，主要表现为生产、生活力下降，尤其是繁殖能力下降最为明显。

种鸽生理机能衰退

国内大多数种鸽场，种鸽一上笼一直到淘汰，多年连续繁殖，长期并蛋、并窝。开始的1～2年往往生产性能较好，以后就出现繁殖疲劳。

种鸽的利用期一般为5～7年，年龄太大的种鸽会出现生理机能的衰退。

饲养管理不当

种鸽饲料、保健砂配合不合理，造成营养缺乏。一些鸽场未实行分阶段饲养，童鸽、青年鸽、种鸽一个饲料配方。饲喂时种鸽没有吃饱，特别是带幼鸽的种鸽，饲料采食量会成倍增加。中国农村家庭养鸽的饲养粗放，环境条件较差，使种鸽原有优秀性状和生产潜力得不到充分的表现和发挥，使生产能力下降，品质变差。

疾病原因

很多鸽场卫生防疫工作做得不好，造成疫病流行，同样也会造成品种退化。病毒性传染病（鸽瘟、鸽痘）、细菌性传染病（副伤寒、大肠杆菌病）、真菌引起的疾病（念珠菌病、霉菌毒素）、原虫病（毛滴虫病、球虫病）等严重威胁种鸽的健康，一旦感染发病，会引起鸽群生产性能的下降或停产换羽。

2. 肉鸽品种的提纯复壮措施

建立核心群，严格选择

核心群的成员由鸽群中符合种鸽标准的个体组成。要求：体形、羽色具有本品种特征，体质健壮，结构匀称，发育良好，无畸形。体重：公鸽750克以上，母鸽600克以上。年产乳鸽6对以上，所产乳鸽28日龄体重550克以上。核心群种鸽年龄在1～4岁。及时淘汰不达标准的种鸽。

选择步骤

（1）初选 首先选择体大、背厚、胸宽、尾翘、体重相近、体质强健、毛无杂色的雌雄个体进行配对。公鸽个体重为750克以上，母鸽个体重为650克左右。做好生产记录，根据生产性能记录分析后，将那些后代遗传性能不稳定，产出的月龄乳鸽达不到600克的，体形、毛色有变异的，乳鸽生产率、孵化率、受精率达不到6窝的产鸽予以淘汰。凡是7日龄达200克、25日龄达500克以上的，具有亲鸽（如白羽王鸽）品种特征的后代为初选对象。

（2）复选　6月龄的公、母鸽个体分别达到750克和650克以上的，遗传性能稳定的产鸽，确定为种用鸽，列为核心种群备选成员，配对公、母鸽要求同一品种，同一羽色类型，同时避免近亲交配繁殖。这样经2～3年选育，即有相当规模的核心种群。选配工作是培育工作的基础，只有掌握好选配技术，才能培育出优良种鸽和优良的品种群。

（3）鉴定　配对半年后（12月龄）进行，主要考查其生产性能，凡符合条件者为合格，补入核心群中。繁殖性能和后代生长情况，要求半年产仔在3对以上，乳鸽体重在550克以上。

核心群的扩大和更新

核心群的后代应做好系谱记录，根据后代情况对核心群种鸽进行后裔鉴定。把符合选择条件的优良后代加入核心群的同时，要及时将后代品质差（生产性能低，出现异色羽或畸形）的种鸽淘汰出核心群，从而使核心群不断扩大、更新，种质不断提高。

核心群的管理

核心群是由肉鸽场最优秀的个体组成，要由专人负责选种、选配工作，由专家指导，技术人员参与。要加强日常饲养管理，保证营养供应，严格控制环境条件，给核心种群创造一个合适的生产、生活环境。技术人员要做好各项记录：种鸽编号（初选体重、复选体重、羽色、年龄），生产记录（产蛋、孵化、育雏、乳鸽成活率等）。

3. 肉鸽良种繁育体系的建立

种鸽场的审批发证机关应严格把关，依法办事，按照《种畜禽管理条例》的要求，规范种鸽的生产、经营行为，杜绝无证经营、炒种及"是鸽就是种"的现象，从根本上解决品种混杂的问题。种鸽场应采用科学、先进的管理、繁育和饲养技术，有明确的选育目标，建立健全完整、系统的档案制度。政府有关部门应加大品种更新、技术更新和知识更新的力度，适时引进新的品种，补充新鲜血液，普及、推广育种知识，使选种选育、提纯复壮、提高种用价值及年限成为饲养者的自觉行为。规模较大的鸽场和地方，可以与有关科研院所、高校等技术部门合作，开展育种工作，建立与区域化生产相配套的良种繁育体系，增强供种能力，提高品种质量。

专题二
肉鸽繁殖关键技术

专题提示

1. 成年肉鸽的雌雄鉴别。
2. 肉鸽的繁殖过程。
3. 提高肉鸽繁殖率的措施。
4. 肉鸽的人工孵化。
5. 种鸽繁殖异常原因与对策。

一、成年肉鸽的雌雄鉴别

正确地进行肉鸽雌雄鉴别在引种、选种、配对上具有重要意义。肉鸽两性羽色完全相同，体形大小差异不明显，不能很直观地进行雌雄判断，需要一定的技术和经验。肉鸽雌雄辨别见表1。

表1 肉鸽雌雄鉴别

项目	雄鸽特征	雌鸽特征
外观体格	体形大，雄壮，活泼好动	体形小，温驯，不爱多动
头颈部	头大而圆，颈部粗短	头小，颈部细长
喙和鼻瘤	喙粗短，鼻瘤大	喙细长，鼻瘤小
性行为表现	发情明显，追逐雌鸽，尾羽打开呈扇形，发出"咕咕"的叫声，并向雌鸽频频点头示爱	发情不明显，受到雄鸽追逐，无叫声，到处躲藏
耻骨特征	耻骨硬，两耻骨间距窄	耻骨软，两耻骨间距宽

项目	雄鸽特征	雌鸽特征
孵蛋时间	白天孵蛋	夜晚孵蛋

1. 外观鉴别

雄鸽头较大且顶部呈圆拱形，喙阔厚而稍短，鼻瘤大而突出，颈粗且较长，脚骨粗大。雌鸽体形结构紧凑，头较小，上部扁平似方形，喙窄而稍长，鼻瘤小而扁平，颈细而较短，脚骨细小。

2. 触摸鉴别

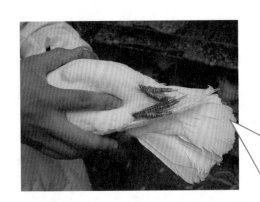

用手捉鸽时，雄鸽抵抗力较强。以手摸鸽子腹部骨盆，雄鸽龙骨突较粗长且硬，后部与趾骨间的距离较窄，两趾骨间的距离也较窄而紧；而雌鸽两趾骨间距离较宽，2～3厘米，且有弹性，耻骨与龙骨突下部的距离也较大，龙骨突稍短。

3. 性行为表现

鸽子发情后，雄鸽常追逐雌鸽或绕着雌鸽打转，颈羽、背羽竖起，颈部气囊膨胀，尾羽散开如扇形，且常拖地，频频点头，

发出"咕咕"声；雌鸽则较温驯，先慢慢走动，最后半蹲着接受求爱。接吻时，雄鸽张开嘴，雌鸽将嘴伸入雄鸽嘴里，雄鸽会似哺乳一样做哺喂动作。亲吻后，雌鸽自然蹲下，接受交配。

4. 孵化时间不同

雄鸽孵化时间为每天 9～16 小时，其他时间均为雌鸽负责。在雌鸽孵化时，雄鸽大部分时间都站在巢附近，保护和监督雌鸽孵化。初养鸽者可以据此进行外貌、触摸鉴别学习。

二、肉鸽的繁殖过程

1. 肉鸽的配对

肉鸽 3～4 月龄性成熟，5～6 月龄配对。有自然配对和人工强制配对两种方式。

（1）自然配对　将发育成熟的雄雌种鸽按照 1∶1 比例放入同一场地散养，由雄雌鸽自行决定配偶，然后将配对成功的 1 对种鸽放入同一繁殖笼中饲养，这种配对方法称为自然配对。自然配对的种鸽关系维持较好，能相处较长时间，甚至终身不变。自然配对工作的关键是做好配对场所的准备，在较短时间内完成配对任务。为了辨认配对成功的组合，在场地的四周要设置临时巢盆，晚上将在同一巢盆中雄、雌鸽抓住，放入同一种鸽笼中。自然配对容易出现近亲交配，长期近亲交配会出现近交衰退，应避免。

（2）人工强制配对　将发育成熟的雄雌鸽鉴定性别后，按照一公一母直接放入同一繁殖笼中饲养，人为决定种鸽的配偶，因此称为人工强制配对。与自然配对相比较，人工强制配对不需要专门的配对场所，方法简单易行，被大多数养鸽场所采用。同时，人工强制配对也有利于育种工作的开展，完成合理选配。人工强制配对要求雄雌鉴别准确度高，一般要由专业人员或有经验的饲养人员完成。这种配对方法一次成功率不是很高，配对后要注意观察配对情况，一旦发现打斗，要及时分开，重新配对，否则会出现严重后果。正常配对的公母鸽配对后很友好，相互亲嘴、梳理羽毛，有时公鸽会喂食给母鸽。经过 2～3 天相互熟悉后，公母鸽开始交配、暖窝，配对后 7～10 天产下第一枚蛋。

小知识

不良配对的两种情况

（1）鉴别错误 有时由于饲养人员鉴别错误，将两只公鸽配在一起，往往有打斗行为，但有时也能和平共处。饲养人员观察可发现两只公鸽，配对后长时间不产蛋。将两只母鸽配对，一般很少打斗，短时间产出4枚蛋。

（2）公母不和 有时虽然雌雄鉴别正确，但配对后公母鸽会出现打斗行为，这属于感情不和，发现后需尽早隔离，重新配对。

2. 筑巢与就巢行为

配对后的种鸽第一个行动就是筑巢，为产蛋做准备。开放式饲养时，一般公鸽去衔草，母鸽来筑巢。笼养肉鸽活动范围受到限制，要求饲养人员提前完成筑巢，在笼内巢架上放置塑质巢盆，并铺一麻袋片或其他垫料。巢盆有了以后，公鸽开始严格限制母鸽行动，或紧追母鸽，至产出第二枚蛋时停止上述跟踪活动。母鸽一般在临产蛋前有守巢窝和蹲巢窝行为，产完两蛋后开始正常孵化。个别鸽无蛋蹲窝，称懒孵。

日常管理要求：新上笼的鸽需配给合适的蛋巢，让其尽早习惯就巢产蛋孵蛋，蛋巢在笼中的位置要合适，方便鸽上下窝及配种。弃蛋不孵时合理调并处理，懒孵时供给蛋让其孵化或喂给合适的药物，长期不产蛋懒孵母鸽应淘汰。

3. 发情和交配行为

雄鸽追啄雌鸽，头一伸一缩，尾羽和翼羽散开擦地行走，踱着方步，在雌鸽周围转来转去，颈部气囊充气膨胀。用喙梳理雌鸽颈毛，亲嘴，雌鸽与雄鸽调情至适度时，尾羽伸展半蹲伏下接受雄鸽的爬跨，然后公鸽呈倾斜状，调整身躯与母鸽的泄殖腔紧贴，把精子射入雌鸽生殖道内。交配完后雄鸽从雌鸽身上滑下来。两鸽精神兴奋，个别鸽继续保持亲热状态。经产鸽，在产蛋前三天，多为雌鸽主动求偶，表现为不断发出低声"咕咕"叫声，靠近雄鸽，向雄鸽腹下做蹲伏行走状；雄鸽发出高昂的"咕咕"叫声，做衔草动作，不久即行交配。日常管理应注意观察鸽的发情交配周期长短，熟悉掌握鸽发情周期的变化规律及征兆，在发情交配期间保持安静，减少干扰，及时处理发情周期延长或无发情行为的鸽。

4. 产蛋

发情交配完的母鸽 7 ～ 10 天开始产蛋，第一枚种蛋产出 26 小时后产下第二枚种蛋。临产蛋前母鸽有寻巢窝及蹲巢窝行为。肉鸽蛋重 18 ～ 26 克，平均 21.5 克，第二枚蛋略重，蛋壳白色，便于照检。高产鸽一般在仔鸽出壳 7 ～ 17 天就产下一窝蛋。蛋间隔时间为 35 ～ 45 天，若产蛋后不让亲鸽孵化，产蛋的间隔时间也会缩短。

日常管理要求：仔细观察鸽的发情配种状态，产蛋前母鸽的精神状态，及时提供给合格的蛋巢及垫料，及时迁移乳鸽，腾出空巢窝让鸽产蛋孵蛋，保持巢窝干净干燥。乳鸽及早上市或人工育肥，降低乳鸽对亲鸽的干扰，减轻亲鸽的负担。

5. 孵化

等两枚蛋全部产下后，种鸽才开始进行孵化（有些刚开产的青年鸽产出第一个蛋就开始孵化），孵化任务由雌雄鸽共同负担，在为期18天的抱蛋时期内，始终由雌、雄鸽轮流抱孵。孵化3～5天进行第一次照检，灯光下透视，若见分布均匀的蜘蛛网样血管，系受精胚，否则为无精蛋或死精蛋，需挑出。种蛋孵化至一段时间后亲鸽开始翻蛋、晾蛋，用喙和脚慢慢将蛋翻转或移动再继续孵化。孵化到10天，应做第二次照蛋检查，如见到一侧气室增大，另一侧全黑，则胚胎发育正常，否则为死胚胎；孵化后期，父母亲鸽在换孵、采食时短暂离巢，进行晾蛋。

日常管理要求：记录产蛋日期，仔细观察检查亲鸽的孵化过程，及时照蛋，分清鸽弃孵和晾蛋行为，防止鸽因受惊吓、打斗、寄生虫等因素影响而不孵蛋。孵化到15天，可用18～20℃的温水清洗蛋壳上的污物并浸润蛋壳，以利乳鸽出壳。

6. 育雏

雏鸽刚出壳时软弱无力，多数羽毛未干，卵黄囊未被吸收完全因此腹部呈膨胀状，卵黄一般在出生后3～6小时吸收完毕，此后乳鸽就有受喂行为。乳鸽仰起头，抬起身，张大嘴，然后把喙伸入亲鸽的口腔内，接受亲鸽吐喂的鸽乳和饲料。乳鸽饥饿时，会伸颈张开喙寻找亲鸽哺喂，并发出"唧唧"寻食声音，刺激亲鸽分泌鸽乳。亲鸽哺喂的前三天完全是鸽乳，4日龄以后逐渐加入饲料，7日龄以后鸽乳停止分泌，完全依靠亲鸽吃进去的饲料来哺喂。15日龄时，可以进行人工哺喂，从而缩短繁殖周期。

　　日常管理要求：仔细观察亲鸽的饮食及鸽乳分泌情况，观察亲鸽哺喂的次数，分清有病不肯哺喂或多喂行为。合理喂料，消除不良因素对亲鸽的干扰，保持亲鸽正常哺喂乳鸽，保证乳鸽吃饱，满足生长营养需要。鸽乳营养丰富，有利于哺乳期的乳鸽生长发育。刚出壳的乳鸽，初生体重仅17克左右，到一周龄时体重可达140～144克，待长到4～5周龄，羽毛已长成，乳鸽常常离开巢窝，并扑着翅膀行走，熟悉食槽、水槽和砂筒的位置，这些行为表明，乳鸽已进入断奶时期。

　　7. 乳鸽的争巢窝行为

　　雏鸽生长一段时间后，有少许自立能力，亲鸽开始产下一窝蛋并开始孵化时，乳鸽常蹲在巢窝内与亲鸽争巢窝。日常管理要求：乳鸽尽可能早上市，最早23天即可上市。放一个空巢盆或一块巢布或塑料网片于笼底，让乳鸽休息，降低乳鸽对亲鸽的干扰，巢盆及巢布必须保持干燥清洁。

三、提高肉鸽繁殖率的措施

　　1. 创造适宜的饲养环境

鸽舍的适宜温度为 18～27℃，理想相对湿度为 55%～60%，要求通风良好，光照充足。

2. 做好留种工作

选育的种鸽自身要体形优美肥大，公鸽 750～800 克，母鸽 650～700 克为最佳配偶。引进繁殖力高的种鸽，1 对种鸽至少每年能繁殖乳鸽 6 对以上，能繁殖 8 对以上乳鸽的为优秀。在引进种鸽时应高度重视系谱记录，了解其父母的繁殖情况，不能盲目引种，逐步培育优良高产的种鸽群。开始配对阶段，要淘汰晚熟个体，淘汰常产单蛋、畸形蛋或母性差、在孵化过程中发生死胚及常育雏不成的种鸽。

3. 合理并蛋、并窝

实践证明，每对种鸽可以同时孵化 3～4 枚蛋，生产中可以灵活调并种蛋。在种鸽孵化过程的 4～5 天进行照蛋检查，剔除无精蛋、死精蛋，剩下的蛋可以并窝孵化，一般每 2～3 枚蛋并成一窝。初产鸽若产两个蛋仍不孵化的，也可全部并入其他种鸽窝内孵化。并蛋后，不再孵化的种鸽，过 10 天左右又会产蛋。通过并蛋，可提高种鸽群的产蛋量。

生产中 1 对种鸽可以同时哺育 3～4 只乳鸽。有的种鸽 1 窝只孵出 1 只乳鸽或者 1 对雏鸽中途死了 1 只，可以将日龄相近的乳鸽并窝。这样无哺育任务的种鸽过 10～12 天可以重新产蛋孵化，从而提高种鸽的产蛋率和育雏成活率。

由于乳鸽日龄不同，亲鸽育雏阶段分泌的鸽乳浓度也不相同，所以要求并窝时注意保姆鸽的蛋与代孵蛋的日龄相同或相近（相差不超过 2 天）。人工孵化出来的乳鸽，可按 3 只 / 窝的数量放入保姆鸽中育雏，剩下多余不育雏的种鸽进入下一轮繁殖周期中。通过并蛋、并窝哺育可缩短种鸽产蛋周期，有效地提高繁殖效率。

4. 采用人工孵化技术

人工孵化技术是将相同时间产的蛋批量孵化，这样便于同孵、同育。加快繁殖速度。

人工孵化的具体操作如下：在种鸽产下两只蛋后即拿走鸽蛋，在蛋壳上做好标记，用小型孵化机进行人工孵化，在孵化过程的 5 天和 10 天分别进行照蛋检查，留下合格的种蛋。拿走蛋后 12 ～ 13 天，种鸽又会重新产下两枚蛋，此时将孵化机内同时入孵的 2 ～ 3 枚蛋放回巢窝替换新产的蛋。之后种鸽只需再孵 3 ～ 5 天，乳鸽即会出壳，出壳后的乳鸽由亲鸽哺喂。这样种鸽的平均繁殖周期将由原先的 45 天缩短为 30 ～ 35 天，充分发挥了种鸽的生产潜力，大大提高了繁殖率，同时也保证了乳鸽的质量。

5. 乳鸽人工哺育

人工哺育与亲鸽自然哺育比较，可以减少亲鸽哺育的生理负担，提早产下下一窝蛋，从而提高种鸽年生产力。

人工哺喂可使乳鸽增重率提高 10％以上。生产中，出壳的乳鸽通常在亲鸽和保姆鸽喂养至 10 ～ 15 日龄后才进行人工哺育。日龄太小的乳鸽人工哺喂成活率低。

6. 加强种鸽营养

传统的饲喂方法采取原粮饲料，但鸽子经常把大颗粒玉米或不爱吃的、适口性差的饲料拨出料槽外，这样由于鸽子挑食而导致不能完全摄取所需的各种营养成分，从而影响其生长发育和繁殖力。为了充分发挥种鸽的生产潜力，颗粒饲料在肉鸽养殖上的应用越来越多。生产实践证明，在使用全价配合颗粒饲料后，种鸽的年产仔窝数、种蛋孵化率和乳鸽上市平均体重都比原先使用原粒饲料得到了提高。保健砂是肉鸽养殖中不可缺少的矿物质饲料，它可以为种鸽提供钙、磷等矿物质和所需的微量元素，有助于原粮饲料的消化和防治疾病。保健砂要根据肉鸽的身体状态、机体的需要、季节及鸽场所处地域等进行适当调制。合格的保健砂不但能保证种鸽的身体健康，使种鸽多产蛋，种蛋的合格率、受精率和孵化率得到提高，而且还能促进乳鸽生长发育，防止乳鸽患软骨症。另外，根据鸽子的不同生长阶段，可以适当添加酵母粉、甲硝唑等进行预防保健达到防病治病和提高乳鸽的成活率的目的。保健砂要求配制新鲜，最好能现配现用。笼养种鸽易缺乏维生素 A、维生素 D、维生素 E 和 B 族维生素等，在饮水中要定期添加禽用多种维生素。

7. 做好鸽场卫生工作，完善疫病防治措施

防病治病、防鼠灭害是鸽场提高繁殖率的可靠保证。鸽场不但要做好平时

的日常饲养管理工作，还要做好场内环境的净化工作和防鼠灭害工作。贯彻"以防为主，养防结合，防重于治"的原则，坚持定期消毒、做好预防性投药、定期驱虫和免疫接种，特别要加强鸽新城疫疫苗（一般可用鸽Ⅰ型副黏病毒灭活疫苗注射接种）、鸽痘疫苗的接种。

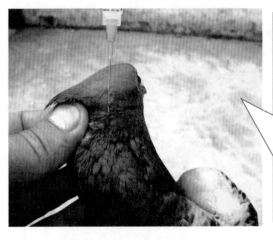

疫苗接种要在种鸽产蛋前完成，种鸽产蛋期内要避免一些药物（例如磺胺类）的使用，以防造成种鸽停止产蛋。鸽群健康无病，种鸽的优良性状才能持续稳定地在生产中发挥作用。

8. 种鸽的人工强制换羽

一般每年夏末秋初种鸽进入换羽期，亲鸽产蛋率下降或完全停产，有的会停产 2～6 个月。在此期间，可以利用人工强制换羽的方法，即当鸽群普遍换羽时，就降低饲料的营养和减少饲喂量，或者断食断水，使鸽群在较短的时间内迅速换羽，待鸽群换羽完成后，再恢复原来的饲料营养水平。对在人工强制换羽期间仍产蛋或哺育的种鸽（此种鸽也可作为优良品种的一个标准）正常供水供料。

四、肉鸽的人工孵化

1. 种蛋收集

种鸽一般产完 1 枚蛋后，第二天上午再产第二枚蛋，每次捡蛋只捡已产下两枚的鸽蛋，每 2 天捡 1 次。每批孵化的鸽蛋为同一群种鸽在同一时间段内产的全部鸽蛋。假蛋放置数量以不超过总蛋数的 2/3 为宜，确保有 35% 左右的种鸽空窝，提前进入下一个产蛋周期。

特别注意捡蛋必须在产完第二枚蛋当天完成，如捡蛋过迟，会有少部分种鸽恋窝空孵，而影响产下窝蛋的时间。

为了减少对鸽群的干扰和种蛋的破损，收取鸽蛋应在晚上进行，晚上鸽比较安定，取蛋时不会出现反抗。晚上收蛋前，提前根据配对记录、产蛋记录确定晚上取蛋的鸽窝。取蛋人员需要戴上消毒好的手套，避免污染种蛋和被种鸽抓伤，受到粪便污染的手套要随时更换。取蛋人员手心向下，用手背将窝在巢盆的种鸽轻轻抬起，将鸽蛋轻握在手心，慢慢移出鸽巢。然后将提前准备好的2枚仿真蛋放入巢盆。仿真蛋用白色硬塑料制成，大小与真蛋接近，内部装有水，因此完全可以以假乱真，欺骗种鸽。鸽子蛋蛋壳比较薄，容易弄破，收取的种蛋要轻拿轻放，避免破损。

由于种鸽产蛋量的提高，为适应产蛋的需要，日粮的营养水平应相应提高。日粮的粗蛋白质水平不要低于15％，同时要充分供给保健砂及矿物质等，维持亲鸽的良好体况和产蛋率。

2. 种蛋挑选与粪污处理

进行人工孵化的种蛋要经过认真挑选，合格的种蛋才能进行人工孵化。

选择种鸽产下24小时之内、无裂纹破损、非畸形、无污染、大小适中的鸽蛋进行孵化，剔除软壳蛋、砂壳蛋、特小蛋和双黄蛋。

蛋壳品质是影响孵化效果的重要因素，对每一枚鸽蛋都要进行检查，最好的方法是在暗室中进行照蛋检查，剔除破蛋、裂纹蛋、蛋壳太薄的蛋、气室异常的蛋(气室移位、气室太大)。蛋重在19.5～27.5克孵化率高，过大或过小的蛋孵化率均较低。

大块儿粪便污染的鸽蛋不能用来孵化，为不合格种蛋。但如发现是刚刚沾上少量湿的粪便，用卫生纸轻轻擦掉即可，若是面积稍大而且粘得很牢的干粪便，就用棉签蘸温水一点点浸泡(注意面积不要扩大)，2～3分待粪便完全浸透后，再用棉签将粪便脏物擦掉，然后再用吸水性较强的软性纸、餐巾纸或卫生纸，将浸泡处的残留水分揩净即可。不要用指甲去抠蛋皮上的干粪便，如用手去抠易将蛋皮同时抠掉。

3. 种蛋保存

种蛋存放在专用蛋库或蛋箱中，要求保存温度 18～21℃，最高不能超过 24℃。鸽蛋保存相对湿度 70%～80%，保存时间 7 天以内，超过 7 天的种蛋孵化率显著降低，不适合孵化。

4. 种蛋消毒

鸽蛋收集后要及时消毒。常用的消毒方法为甲醛熏蒸法，用一个小的熏蒸容器(熏蒸柜)，每立方米空间用福尔马林(40%甲醛溶液)28 毫升，高锰酸钾 14 克，密闭熏蒸 20 分后，排出甲醛气体。也可以用 0.01%高锰酸钾溶液、0.1% 新洁尔灭溶液或其他消毒剂浸泡消毒，水温 39℃左右，时间 3～5 分。入孵前对种蛋再进行一次消毒，方法同上。

5. 孵化条件控制

（1）温度　适宜的温度是保证胚胎发育的前提条件，应根据当地的气候和环境温度来调节孵化机的温度。鸽蛋孵化采用分批入孵、恒温孵化法。鸽蛋个体较小，温度受外界影响比较大，如温度过高会造成死胚增多；如温度低破壳会推迟、死胚多、雏鸽卵黄吸收不良，易造成弱雏而死亡。例如广东地区夏秋季节孵化温度一般 37.9～38.3℃；冬春季节孵化温度为 38.1～38.6℃。如果出雏与孵化分开的话，出雏温度可以降低到 37.5℃。

（2）湿度　湿度是保证孵化的重要条件，适宜湿度有利胚胎初期均匀受热；中期有利胚胎新陈代谢，到后期有利胚胎消散过多的生理热，使蛋壳结构疏松，防止雏鸽绒毛与蛋壳粘连，便于啄壳出雏。若湿度不足，则会引起胚胎粘壳，出雏困难或孵出的雏鸽体重轻，爪干。若湿度过大，则不利雏鸽破壳，孵出的雏鸽较重，蛋黄吸收不良，腹部大，体质差易死亡，致使成活率下降。但相对湿度若超过70%而通风不良时，胚胎因气体交换差导致胚胎窒息死亡。夏秋季节孵化相对湿度为50%～55%，冬春季节孵化相对湿度为55%～60%。

（3）通风　鸽蛋在孵化过程中，也在做有氧呼吸，排出二氧化碳和水分，适当换气是保证胚胎正常发育不可缺少的。孵化机风门，一般夏秋季节，外界温度和机内温度相差很小，风门可以全开或打开一半；冬春季节，外界气温低，应减少内外冷热空气的交流，风门打开一半或全部封闭，保证孵化机内温度恒定。孵化机除一个自动风门外，在后面还开有两排对流孔，上下贯通，使孵化机内外形成小的对流，有利换气和调节机内温度平衡。

（4）翻蛋与晾蛋　机器孵化每隔2～3小时翻蛋1次即可，翻蛋角度为90°，每天翻蛋8～12次，至出壳前1天停止翻蛋。鸽蛋孵化至12天，要每天抽出蛋格1次，在孵化机外晾蛋，使温度降至30℃再放回孵化机内。对原机内新入孵的鸽蛋照常孵化。

6. 孵化操作

鸽蛋入孵后第五天进行照蛋，剔除无精蛋及死胚蛋。入孵后第十六天进行落盘，将蛋从孵化机的孵化盘中移到出雏机的出雏盘中。孵化至第十七至十八天雏鸽便开始陆续出壳，于破壳前10小时会在蛋的钝端1/3左右处啄孔，如果啄孔后24小时内还未出壳，应进行人工辅助剥壳，但不能引起乳鸽出血，以免导致乳鸽死亡或后天性的生长发育不良。做好捡雏工作，动作要轻、快，一般3～4小时捡雏1次，雏鸽捡好后要及时送回鸽群进行并雏。因人工孵化的雏鸽自身不能采食，需并入与其日龄相近的自然孵化的雏鸽窝中让带仔亲鸽代哺。每对亲鸽所带仔鸽总数可达3只（含自身孵出的仔鸽）。

7. 孵化后期管理

刚出壳的乳鸽未开眼，不会行走和自由采食，需要保姆鸽分泌鸽乳嘴对嘴的喂养。所以，孵化破壳后要送回给相同日龄孵假蛋（仿真蛋）的保姆鸽哺育，同时拿出假蛋清洗消毒后下次再用。也可以鸽蛋孵化到 16 天啄壳后，重新让保姆鸽自己孵化出壳，成活率、生长速度大大提高。乳鸽破壳后会发出微弱的叫声，刺激保姆鸽做好哺育乳鸽的准备，开始分泌鸽乳，做好迎接乳鸽出壳的准备工作，乳鸽出壳后才有充足的鸽乳吃、长得快。

五、种鸽繁殖异常原因与对策

1. 种鸽停止产蛋

年龄太大引起停产

2～3 岁的种鸽繁殖性能最高，年龄超过 5 岁的种鸽，由于生殖机能降低或消失，造成产蛋减少甚至停产。在生产中，对年产 6 对以下的老龄鸽应坚决淘汰，做好后备鸽的选留。

换羽引起停产

这种停产具有季节性。种鸽一般每年换羽 1 次，换羽期长达 1～2 个月，在此期间部分鸽可能出现停产而致使鸽群产蛋量下降。种鸽于每年的夏末秋初（9～11 月）陆续进入换羽期，产蛋减少或停止产蛋。一般高产鸽换羽持续时间短，低产鸽持续时间长。换羽期间，如果饲料量不足，缺水或其他管理工作跟不上，鸽群可能普遍停产。在换羽期间增加鸽群的营养和加强饲养管理可以减少换羽对产蛋量的影响。

病理性停产

（1）内寄生虫病 以线虫为主的内寄生虫，鸽轻度感染时无明显症状，对产蛋量无大的影响或使产蛋周期延长，重度感染时可表现为面颊灰白、贫血、消瘦，出现腹泻现象，产蛋停止。

（2）鸽虱等外寄生虫病 鸽虱寄生在体表或羽毛上，叮咬使鸽不安，引起鸽的食欲下降，体质衰弱，生产性能降低。

（3）副伤寒　成年鸽感染后不表现症状，但卵巢可受到侵害，使母鸽产蛋紊乱或永久性停产。

（4）支原体病　这是由禽败血性支原体引起的鸽群多发的一种疾病。病鸽食欲减退，渐进行性体重减轻，羽毛松乱，呼吸困难，也可侵害生殖器官，使产蛋减少或停止。

控制疾病的方法主要有：注意清洁卫生，改善环境设施，保持阳光充足和空气流通。生产中要注意做好鸽瘟、鸽痘的疫苗接种工作。有病应及时医治不要延误。对消瘦的产鸽应补喂合适的饲料，加强护理。同时严格日常消毒管理，减少疫病的发生。加强检疫，淘汰副伤寒、支原体病等阳性的鸽，定期驱除鸽体内外寄生虫，进行预防性投药。

营养性停产

喂料量不足会引起种鸽停产。哺育期的种鸽采食量不足，会引起产蛋间隔延长，甚至停产。相同生育期的种鸽在不同季节营养需要量也不一样，一般来说，随着气温的下降，营养需要量逐渐增大，如果不能随季节的变化及时调整饲喂量也会出现喂料量不足的问题。另外，饲养人员的不规范操作，人为给鸽少量饲料也是造成喂料量不足的常见原因。只要能根据种鸽营养需要量及时调整喂料，一般数天后全群产蛋量即会有所回升。

种鸽过肥或营养不良均会造成产蛋减少，甚至停产。当产鸽过肥时，可在一段时间内减少饲料的饲喂量，待其体质恢复正常后再饲喂正常饲料量；如营养不良时，应重新调整配方，保证蛋白质、碳水化合物及维生素、矿物质、微量元素充足，以满足其需要，用料量也要保证，不多不少。合理配制保健砂，饲料原粮要多样化，在饮水中补充维生素。

过度疲劳

上一年产蛋、孵化任务太重，下一年繁殖率会显著下降。一般高产鸽经常会连续孵3枚蛋、哺喂3只乳鸽，因而极易引起产鸽的过度疲劳，体质机能降低，特别是生殖机能降低最为明显。因而对高产鸽可间隔地把其仔鸽并给其他亲鸽带喂，以减轻负担，恢复体况；平时也应合理并蛋并仔，这样可以避免产鸽的过度疲劳而停止产蛋。在每年冬季，结合换羽最好有 1～2 个月的休整期。不要长时间并蛋、并窝。

药物或疫苗影响

肉鸽在上笼配对前应做好一切疫苗接种工作，在生产期间接种疫苗会引起停产。另外，一些药物如氯霉素、磺胺类药物等会引起停产，在产鸽上应禁止使用。

环境因素

种鸽处于极端恶劣环境条件下会出现停产。光照和种鸽的生殖活动、新陈代谢及采食行为都有一定的关系。冬季昼短夜长，过短的光照时间会使种鸽的繁殖机能减退。同时，因采食时间短，也会造成鸽群摄入量的营养不足，导致产蛋量的下降。光照不足 16 小时，冬季舍内温度低于 10℃，舍内严重通风不良，有害气体超标等都会造成产蛋停止。

应激因素

应激引起的产蛋量异常的程度与应激的强度和持续时间有关，强而持续的应激可对生产性能造成严重影响。常见的应激因素有：高温、高湿、低温、缺水、断料、噪声、疫苗接种、有害气体含量高等。应激的控制主要是消除应激因素，给鸽群创造一个舒适、安静的生活环境，可通过实行规范化操作，合理调剂饲料营养，根据需要使用一些抗生素等药物来降低应激的影响。

2. 种鸽不孵蛋

生产中会发现种鸽产蛋后不就巢孵化，或者前期正常孵化在接近出壳阶段停止孵蛋。分析原因如下：

饲养环境的变化

鸽舍设计不合理，夏季炎热，冬季寒冷，有害气体含量过高，光线过强，环境噪声大等都会造成种鸽不孵蛋。靠近窗户的鸽笼采用深色布围罩巢窝，创造幽静的孵化环境。

动物的侵袭

猫和老鼠是鸽子的天敌，对肉鸽养殖会造成很大威胁。养鸽场要做好灭鼠工作，同时防止野猫进入鸽舍。孵蛋期种鸽一旦受到猫和老鼠的侵袭，不能安心孵蛋，造成死胚蛋增加。

巢盆中垫料不合适

温暖、舒适的巢盆环境是种鸽理想的孵蛋环境。巢盆垫料潮湿、垫料污染、缺少垫料都会引起种鸽不孵蛋。种鸽配对放入笼中后，在巢盆中准备好垫料，如海绵、布垫、麻袋片、地毯等，要求洗净、消毒。生产中要随时换掉脏的垫料，更要避免巢盆中垫料的缺失。

外寄生虫病

羽虱、螨虫、蚊子等侵袭种鸽，使其浑身瘙痒，不能安心孵蛋。每年春、秋季节进行体表驱虫。喷雾或药浴法：间隔 7～10 天再用药 1 次，效果更好。驱虫药：杀灭菊酯乳油、溴氰菊酯乳油、二氯苯醚菊酯。阿维菌素按每千克体重 0.2 毫克，混饲或皮下注射，均有良效。

3. 种鸽不哺喂

正常情况下，乳鸽一出壳，亲鸽就开始哺喂，如果雏鸽出壳 5～6 小时后，老鸽仍不哺喂雏鸽的话，就说明有问题了，要仔细地检查和寻找原因。

母性不好

有的种鸽对其所产乳鸽不关心、不哺喂，不能留作种用。应选择哺喂能力强，而且所产乳鸽生长均匀且增重快，肌肉丰满的种鸽。

初产亲鸽

常常发生在亲鸽所孵出的第一窝乳鸽，亲鸽还没有学会哺喂。应人工诱导哺雏，其方法是：把雏鸽的嘴轻轻地放到亲鸽的嘴里，经过几次诱导，亲鸽就会了。

疾病原因

如果是亲鸽患病，也会出现精神差、不哺喂乳鸽的现象。这时要及时隔离治疗，并让其他同期或近似同期孵雏的亲鸽代哺。

4. 种蛋受精率低

母鸽生殖道异常

白垩质蛋壳的蛋几乎100%是无精或不能孵化的。器质性缺陷的母鸽经常产白垩质蛋，患病母鸽一般不可治愈，应予以淘汰。

年龄因素

种鸽年龄愈大，愈易产无精蛋。应对所有种鸽做好记录，以便随年龄增长及时识别其中产高比例无精蛋的个体并及时淘汰。部分品种尤其是重型品种的年轻种鸽易产无精蛋，一般第一窝无精蛋比例可高达50%。

配对不当

公、母鸽感情不和，很少交配，需要拆开重新配对。青年鸽提前上笼配对，种蛋受精率较低，要避免早配。准确鉴定公母，配对后多观察，双公或双母配对者要重新配对。

公鸽生殖障碍

公鸽生殖道疾病、性欲差、精液品质不良。需要淘汰有病的公鸽，保证营养，提高性欲和交配次数。

种鸽饲料营养不合理

饲料和保健砂不平衡，会增加无精蛋比例。公鸽营养不良，蛋白质、维生素 A、维生素 E 缺乏都会造成性欲差、精液品质不良。要注意谷类饲料和豆类饲料的合理搭配，一般比例为 7∶3。注意饲料不能发霉变质。保健砂要合理配制，现配现用。

种鸽泄殖腔周围羽毛太长、太密

针对经常产无精蛋的种鸽可采取剪毛的措施（泄殖腔周围），使公鸽和母鸽在交配的过程中不受尾毛的影响，从而减少无精蛋的数量。

光照时间短

冬季天短，光照不足，对种鸽繁殖生产不利，一般应于晚上补充鸽舍人工光照 3～4 小时，这样能够有效地提高种鸽产蛋率、受精率和乳鸽的体重。光线要柔和，不宜太强或太弱，并定时开灯，一般每日鸽舍自然光照加人工光照 16～17 小时，即能保证种鸽正常生产需要。

两窝蛋间隔时间过短

若一对鸽失去了所产的蛋而很快又产下一窝蛋，则后产的这一窝很可能是无精蛋。母鸽休息 7～10 天不产蛋，即可恢复正常。

专题三
肉鸽场建设与养殖设施设备

阅读提示

1. 肉鸽场场址选择。
2. 肉鸽场场区规划。
3. 鸽舍的类型与建造要求。
4. 肉鸽养殖设备与用具。

一、肉鸽场场址选择

　　发展家庭肉鸽养殖，小规模饲养（300～500对）可以利用房前屋后空地，搭建简易鸽舍即可饲养。但是，如果想发展规模养殖，为将来扩大规模预留发展用地，必须对场址进行严格挑选，合理规划。肉鸽场场址选择主要考虑的因素有：地形、地势、土壤、水源、交通、电力供应与周边环境等。

1. 地形、地势

肉鸽场最好建在地势高燥、向阳避风的地方。以平坦或稍有坡度的开阔地最好，便于场区规划，防止场区积水。山地、丘陵地区的场地适当平整后也可以建场。注意不要在低洼的地方建场，因为空气流通会受到影响，而且不便于排水，容易滋生蚊虫。阳光充足、地势干燥、排水良好的场区也有利于肉鸽场的卫生管理。在山区，不宜选择昼夜温差太大的山顶和通风不良、潮湿阴冷的山谷建场，应选择在坡度不太大的向阳半山腰。

2. 土壤

肉鸽场的土壤以沙壤土最为理想。这样的土壤排水良好，导热性小，微生物不宜繁殖，符合卫生要求。黏土或沙砾土不宜建场，因为黏土颗粒极细，黏着力强，渗水和透气性差，雨后泥泞积水，工作不便，并且容易使寄生虫繁殖，影响肉鸽健康。如果找不到合适的沙壤土地，也可以在黏土地铺上 35 厘米左右厚的沙土。另外，场地的土壤过去未被畜禽传染病或寄生虫病病原污染，透气性和渗水性良好，能保持干燥。为了便于种花植树，美化环境，土壤还要有一定的肥沃性，方便场区绿化。

3. 水源

肉鸽场水源要充足，水质良好。要求水中不含有病菌和有毒物质，无异臭或其他异味，水质澄清。大型肉鸽场最好自建 30 米以下深井，最好能够达到 70 米以下，以保证水的质量。

4. 交通和位置

肉鸽养殖场应设在环境安静而又卫生的地方，位置应远离交通主干道、城市居民点、集贸市场和其他家禽养殖场。为了方便原材料（饲料）、乳鸽等产品的运输，鸽场要求交通便利，有专用道路与主干道相连。鸽场要求距主要公路不少于 500 米，距次要公路 100 ~ 150 米，既便于运输，又有利于防疫。

5. 电力供应与周边环境

要有电力保障，保证生产和生活用电。大型鸽场应备有发电机，以便停电时使用。鸽场还要远离机场、采矿企业等噪声较大的地方。不要集中连片修建鸽场，鸽场之间也应有至少 500 米的距离。

二、肉鸽场场区规划

1. 肉鸽场的分区

大型肉鸽场通常分 4 个功能区，即办公生活区（办公室、宿舍、食堂、健身设施等）、生产区（各种类型鸽舍所在区域）、辅助生产区（饲料储存加工、供水设施、商品乳鸽存放、商品鸽蛋蛋库等）、粪污区（包括病鸽隔离舍、粪便处理区等）。小型肉鸽场仅设生产区与生活区即可，四周用砖墙或栅栏围起来，避免闲杂人员、野狗或其他野生动物进入。工作人员、车辆必须通过消毒通道出入，并严格执行消毒管理制度。

2. 肉鸽场分区规划原则

有利于防疫

首先应从人、鸽健康的角度出发，以建立最佳生产联系和卫生防疫条件，来合理安排各区位置。职工生活区应在全场上风向和地势较高的地段，然后依次为办公区、鸽生产区、粪便及病鸽处理区。

方便生产

因地制宜，合理利用地形地势，以创造最有利的鸽场环境，减少投资，提高劳动生产率。

节约用地

应充分考虑今后的发展，在规划时应留有余地，尤其是对生产区规划时更应注意。体现建场方针、任务，在满足生产要求的前提下，做到节约用地。

粪便无害化

建设规模化肉鸽场时，应当全面考虑鸽粪的处理和利用，做到废物利用，减少对环境的影响。

3. 肉鸽场场区规划要求

鸽舍与鸽舍之间的距离

为了防止疫病的传播和火灾的蔓延，舍与舍之间的距离至少应有 20 米，并且在舍与舍之间种植花草隔离。

根据地形和当地主风向合理设置不同类型鸽舍的位置

在肉鸽饲养区域内，要尽可能按生产种鸽、育成鸽（童鸽）、待售鸽划分成各饲养小区。并在远离饲养区的下风向，相应建有一定数量的病鸽隔离舍。一般年龄小的童鸽舍、青年鸽舍应处在地形较高的地方和上风向，成年种鸽舍应位于地势较低的地方及下风向。因为幼鸽抗病力弱，容易患病。童鸽舍区、青年鸽舍区、种鸽舍区至少应有 30 米距离。

办公生活区和生产区要严格分开

办公生活区和生产区要设置围墙或栅栏，不可随便来往，饲养人员每天进入生产区先要经过消毒室、消毒池，有条件的鸽场可设置淋浴间、更衣室。职工住宅生活区与鸽舍之间的距离不得少于 50 米。

消毒池设置

进入鸽场的大门入口处要设置车辆消毒池，主要对进入厂区的车辆进行消毒。进入厂区的饲养设备、饲料表面也要进行喷雾消毒。第二道消毒池在进入生产区入口处设置，主要是人员消毒用。每一幢鸽舍的进口也需建有较小而且有效的消毒池，防止疾病发生。

鸽粪便处理的位置

鸽粪便是造成鸽场环境污染和传播鸽病的重要因素，一定要搞好粪便的处理工作。粪便集中堆放入粪池中，粪池的位置应设在下风向和地势较低的墙角，距鸽舍至少应有 50 米的距离。

三、鸽舍的类型与建造要求

1. 笼养式鸽舍

适合繁殖期种鸽的饲养，把已配好对的生产种鸽单笼饲养。要求通风良好、光照充足、光线均匀，南侧窗户不宜过大，最好是带有天窗。地面须用水泥硬化处理，以便于清扫、冲洗与消毒。繁殖种鸽舍面积根据饲养数量而定，一般1 000对种鸽舍面积需要250米²。笼养鸽舍的优点是鸽舍结构简单，造价低廉，管理方便，鸽群安定，鸽舍利用率较高。笼养鸽舍笼具摆放见图13。

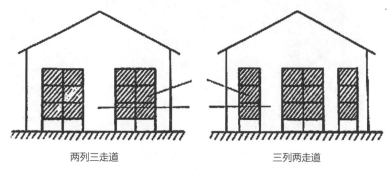

两列三走道　　　　　　　　三列两走道

图13　笼养鸽舍笼具摆放

（1）全开放式鸽舍（图14）　适用南方温度相对较高地区，由顶棚和立柱组成，鸽舍四面可不设围墙，笼舍中间设立通道，由中间通道喂料。结构简单，建筑成本低，通风较好。全开放式鸽舍容易受外界气候变化影响，适合饲养青年鸽或繁殖种鸽，不适合饲养童鸽。

图14　全开放式鸽舍

（2）半开放式鸽舍（图15）　适合冬季气温不低于5℃的地区，北面设墙面，南面向阳敞开，有利于通风和采光。但在冬季应在开放一侧设置卷帘，有利于保温。夏季在开放一侧设置遮阳网，避免热浪侵袭，避免光照过强对种鸽孵化造成影响。

图15　半开放式鸽舍

（3）封闭式鸽舍（图16）　适用北方寒冷地区，鸽舍四面围墙，南墙设大窗口，北侧设小窗户。窗口可供光照和通风，天热时打开，天冷时关闭。

图16　封闭式鸽舍

2. 群养式鸽舍

一般饲养后备种鸽使用。

（1）童鸽舍　童鸽是指留种用1～3月龄肉鸽，此阶段正值换羽期，要求鸽舍保温性能良好，冬季需要有加热增温设施（火炉、火道），满足童鸽对温度的需求。童鸽可以地面平养，但最好设计有童鸽笼(育种床)或平网饲养，可以减少球虫病等肠道疾病的发病率。

(2)青年鸽舍　饲养3～6月龄的种鸽用。因为青年鸽对环境的适应能力大大增强，而且活动量较大，青年鸽舍最好设计成开放式、带有运动场的鸽舍，可以地面平养(图17)，也可以网上平养，不适合小笼饲养。

地面平养鸽舍：适合青年鸽饲养。由舍内和运动场两部分组成，运动场四周设置铁丝网或尼龙网，采食和饮水在运动场完成。舍内设置栖架，供夜间休息。

网上平养鸽舍：适合青年鸽饲养，南方多用。设有地面或网上运动场，舍内距离地面1米设置坚固的铁丝网，采食饮水均在网上进行，四周设置窗户和围网，有利于通风。

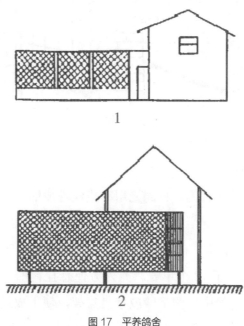

图17　平养鸽舍
1.地面平养鸽舍　2.网上平养鸽舍

3. 乳鸽人工哺喂舍

商品乳鸽人工哺喂舍为封闭式鸽舍，要求有足够的保温隔热性能，还需要有增温设施，满足乳鸽生长对温度的要求。房舍高度2.8～3米，窗户尽量要小，要求安装机械通风风机，保证氧气供应。

4. 简易鸽舍

在农村，饲养肉鸽是发展庭院经济的好项目。每户饲养300～500对种鸽，一般不影响正常的农业生产。为了降低饲养成本，可以合理利用闲置房舍，放入鸽笼进行饲养。没有房屋的农户，可以在院子中建成简易鸽舍，鸽舍直接建成三层鸽笼形式。既可节省建筑费用，又可节省购买鸽笼的开支。简易鸽舍由上、中、下3层组成，底层要离地面20～30厘米，有利于防潮，同时便于加料加水。每层高50～60厘米，宽80厘米，深50～55厘米。高度和深度要求便于捉鸽和照蛋等操作。层与层之间可以设置承粪板，也可以不设置承粪板而直接在水泥隔板上生活。建筑材料为砖块和钢筋水泥，前方设铁丝网，料槽、饮水器挂于网外。为了达到夏天防暑和冬季防寒的要求，在两排鸽舍之间可搭建塑料棚（图18）。

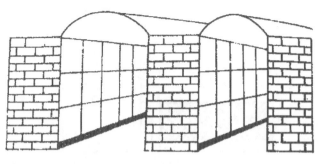

图18　简易鸽舍构造

四、肉鸽养殖设备与用具

1. 种鸽笼（图19）

用来饲养产蛋繁殖期种鸽。种鸽笼用冷拔丝焊成的网片组合而成，每组长2米，深60厘米，高1.7米。每组被分为3层，每层45厘米，层与层之间间隙8厘米，便于放置隔粪板。在2米的宽度上每层分成宽50厘米的4个笼子，因此每组笼子实际包含了12个单笼。笼外方便悬挂料槽、保健砂杯，饮水采用自流式杯式饮水器。笼中后侧半壁放置巢盆架，便于放巢盆。这样笼子既方便清洁、消毒，又非常透光透气，同时占地面积小，可养12对鸽子的一组笼实际占地面积仅1.2米^2。笼门要求横开为好，方便抓取乳鸽、鸽蛋。

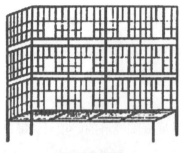

图19　种鸽笼

2. 群养式鸽巢（图20）

开放式群养种鸽使用，种鸽可以自由进出鸽巢。整个笼柜分4层共16小格，每小格高35厘米，宽35厘米，深40厘米，每相邻两小格之间开一个小门，两个小格合在一起称为一个小单元，供1对种鸽生活，这一组柜式鸽笼可养8对生产种鸽。群养式鸽巢在信鸽养殖中应用较多，肉鸽养殖不多用，有些肉鸽场在自然配对的时候会用到，配对成功后抓入种鸽笼单笼饲养。

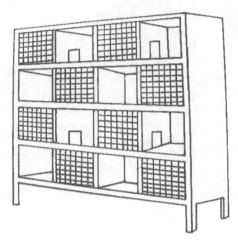

图20　群养式鸽巢

3. 童鸽育种床（图21）

适合饲养1～2月龄留种用童鸽。为单笼结构，面积较大，一般规格为长200厘米、宽100厘米、高80厘米，饲养童鸽20对左右。童鸽育种床可以是铁丝笼，也可用木条、竹条等制成，床底可用铁丝网。育种床需与地面保持一定距离（80～100厘米），这样可使鸽的粪便从床底的网眼掉到地面，既卫生干净，又便于观察和管理。

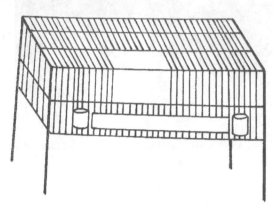

图21　童鸽育种床

4. 青年鸽网室（图22）

为专门饲养2月龄到上笼配对前的青年鸽场地，鸽子与粪便隔离，大大减少了疫病发生率。网面离地高度0.8米，房舍总高2.7米，隔成6米×3.5米小间，便于青年鸽小群饲养。每小间可以饲养3～6月龄青年鸽200～300只。

图22　青年鸽网室

5. 乳鸽育肥床（图23）

人工哺喂时需要将乳鸽养在乳鸽哺喂床上，便于哺喂操作与乳鸽休息。育肥床的设计要便于饲养操作。笼脚高60～70厘米，笼身四边高30厘米，宽60厘米，长度视鸽舍条件而定，笼中间用纱网、铁丝网或竹片隔开，做成小格。每格不宜太大，否则易造成饲喂操作不便和乳鸽挤压。

图23　乳鸽育肥床

6. 巢盆（图24）

巢盆是种鸽产蛋、抱窝、育雏的场所。选用合理的巢盆对减少鸽蛋破损、提高孵化率及乳鸽的成活率均有良好效果。制作巢盆的材料有塑料、铁丝、石膏、木板、竹筛、瓦盆等，还可用稻草或麦秆编制的草巢盆。不管采用哪种原料做成，尽量做成圆形。在生产中塑料巢便于清洗消毒、价格便宜，应用较多。巢盆规格：直径 25 厘米，盆深 7 厘米。实践证明，巢盆过深，在并窝后（1 窝 3 只）容易造成乳鸽挤压捂死。巢盆最好悬挂在种鸽笼后侧壁，内部放上柔软、保暖且吸湿性能好的垫料，使鸽蛋不易破损，提高孵化率。

图 24　巢盆

7. 栖架（图 25）

栖架俗称"歇脚架"，是供群养青年鸽栖息的设施。鸽子喜欢单独栖息，因此做成方格状栖息的木架最好，横条状的也可以。当鸽子认定一个栖架后，即成其势力范围，决不允许旁鸽占据，因此栖架要多设一点，避免两只栖鸽间发生打斗，而且要求上层鸽的粪便不落到下层鸽子身上。

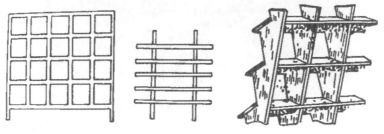

图 25　各种栖架

8. 洗澡盆（图 26）

鸽子喜欢洗浴，在群养式运动场要配置专门的洗澡盆。澡盆式样多种，以直径 46 厘米、深 10～15 厘米的圆盆或长、宽各 50 厘米，深 10～15 厘米的铁皮方盆为好，同样大小木盆或塑料盆亦可。

图26　鸽洗澡盆

9. 清粪设备

种鸽一般为3层笼养，承粪板需3～5天清理一次，每次清理及运出场外的时间为3～4小时，加大了饲养员的工作量，目前一些养鸽场专门由2～3个人组成专业的清粪组，免去饲养员既要养鸽又要清粪的烦恼。河南省叶县天照肉鸽养殖专业合作社采用手动清粪设备（图27），该设备长、宽、高分别为80厘米、63厘米、50厘米，将透明承粪板卷入转轴中，由一人搅动转轴，粪便自动从承粪板刮下。该设备操作简便、省力，值得推广。

图27　手动刮粪机

10. 种鸽周转笼

种鸽周转笼用于购买种鸽、种鸽转舍运输时临时放置种鸽使用，要求便于搬运，结实不变形，内外焊接光滑，避免种鸽、饲养员剐伤。种鸽周转笼长、宽、高分别为 60 厘米、50 厘米、20 厘米，可以放置种鸽 20 只，见图 28。

图 28　种鸽周转笼

11. 喂料饮水器具

（1）自取料槽（图 29）　适合群养种鸽和青年鸽喂料使用。料槽上设有带顶盖的储料箱，料槽下方有出料口，料槽内饲料被鸽吃掉后，随时由出料口漏出补充。其优点是省工省时，投放 1 次料可供食 5～10 天。缺点是鸽容易选食爱吃的饲料，而将不爱吃的饲料弄出槽外，造成浪费。

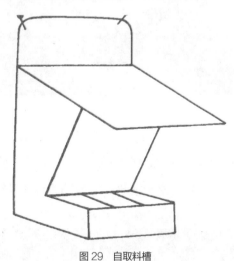

图 29　自取料槽

（2）自选料槽（图 30）　与自取料槽不同之处，是料槽用板分隔成大小不等的 3～5 格，每格分别按比例放入一种饲料，而不同于自取料槽那样饲料和原粮混放。肉鸽可以选择性采食，减少了饲料浪费。目前，美国大多数鸽舍都采用自选料槽。其优点是节省时间、劳力和不浪费饲料，缺点是容易造成偏食。

图30　笼养自选料槽

（3）长料槽（图31）　适宜群养青年鸽使用，料槽长度为100～150厘米。为了防止鸽粪污染，料槽上设置可翻开的加料盖。

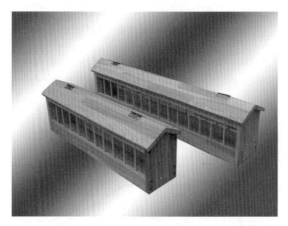

图31　长料槽

（4）笼养短料槽　用竹筒、锌铁皮、塑料、纤维板或木板制作而成。常用的为塑料制品（图32）。规格：长19厘米，宽6厘米，前高7.5厘米，后高5厘米。短料槽适合单笼饲喂，便于清理，在笼养种鸽广泛使用。

图32　笼养短料槽

（5）笼养肉鸽饮水器　过去常用的槽式饮水器，是一条长形水槽，需要人工加水，口大易受到污染。目前笼养肉鸽多采用水杯管道式自动供水系统（图33），这种供水方式存在水杯外露易致粪便灰尘污染，管道容易堵塞等问题，需改进。乳头式自动饮水器在肉鸽养殖中逐步推广使用。

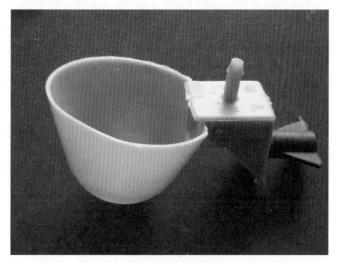

图33　自动杯式饮水器

（6）群养肉鸽饮水器（图34）　这种饮水器既能保证鸽持续不断地饮到水，又能使鸽脚踏不进饮水器，其粪便和羽毛不易落入水中，目前常采用的是塑料饮水器，高度25厘米，直径15厘米，一次可盛水2 500～5 000毫升，而且使用方便，又能经常保持饮水清洁。

图34　群养肉鸽饮水器

（7）保健砂容器（图35）　盛放保健砂的容器可以用陶瓷、木材或塑料制品制作，忌用金属材料制作，因为金属制品容易与保健砂中的矿物质元素发生化学反应。常用的保健砂杯为圆形筒，上口直径为 6 厘米，深度不要超过 8 厘米，内盛少量保健砂挂在笼子外侧，能使鸽子吃到即可。长条形保健砂盒适合群养鸽使用。

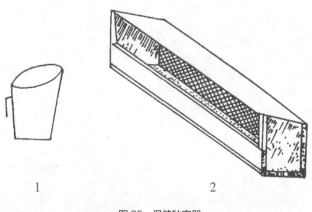

图 35　保健砂容器
1.保健砂杯　2.保健砂盒

专题四
肉鸽饲料配制关键技术

专题提示

1. 肉鸽的常用饲料原料与配方。
2. 肉鸽保健砂的配制与使用。
3. 颗粒饲料在肉鸽养殖中的应用。
4. 肉鸽维生素的供给。

一、肉鸽的常用饲料原料与配方

1. 能量饲料

肉鸽能量饲料是指干物质中粗纤维含量低于18％、粗蛋白质含量低于20％的谷实类原粮。肉鸽常用能量饲料包括玉米、小麦、大麦、高粱、稻谷（或大米）等。

玉　米

玉米的可利用能值在谷类籽实中最高，适口性好，是肉鸽养殖最常用也是必不可少的饲料，用量可以占到饲粮的40％～90％，一般为60％左右。玉米粗纤维含量仅2％，而无氮浸出物高达72％，且主要是淀粉，消化率高。玉米中脂肪含量高，达3.5％～4.5％，主要存在于胚中（占

85%）。玉米中脂肪酸构成：亚油酸 59%，油酸 27%，硬脂酸 0.8%，亚麻酸 0.8%，花生油酸 0.2%。亚油酸含量高达 2%，是谷类籽实中最高者。玉米蛋白质含量低（7%～9%），品质差，缺乏赖氨酸和色氨酸。黄玉米中含有丰富的 β 胡萝卜素（1.3～3.3 毫克 / 千克，平均 2.0 毫克 / 千克）和维生素 E（20 毫克 / 千克）。β 胡萝卜素在体内可以转化为维生素 A。玉米缺乏维生素 D 和维生素 K。玉米含维生素 B_1 较多，而维生素 B_2 和烟酸较少。黄玉米叶黄素含量达 20 毫克 / 千克（13～33 毫克 / 千克），对肉鸽的脚、皮肤和喙的着色有重要影响。

含水量高的玉米，不仅养分含量降低，而且容易滋生霉菌，引起腐败变质，甚至引起霉菌毒素中毒。成熟期收获的玉米水分含量仍可达 30% 以上，玉米籽实外壳有一层釉质，可防止籽实内水分的散失，因而很难干燥。入仓的玉米含水量应小于 14%。在高温高湿和温差变化大的地方，玉米容易变质。

随着储存期延长，玉米的品质相应变差，特别是 β 胡萝卜素、维生素 E 和色素含量下降，有效能值降低。如果同时滋生霉菌等，则品质进一步恶化。玉米破碎后即失去天然保护作用，极易吸水、结块和霉变，以及发生脂肪酸的氧化酸败。因此，保存玉米时，应保存完整的玉米粒。玉米中破碎粒比例越大，则越容易变质。

小　麦

小麦是鸽子喜食的饲料原料之一，其营养价值较高，颗粒中等大小，适口性好。小麦作为能量饲料，在肉鸽饲料中的地位仅次于玉米，一般用量为 5%～10%，价格低于玉米时，可以增加到 30% 左右。小麦的粗纤维含量和玉米相当，粗脂肪含量低于玉米，但蛋白质含量高于玉米，是谷实类籽实中蛋白质含量较高者。小麦的能值也较高，仅次于玉米。但小麦必需氨基酸含量较低，尤其是赖氨酸。而且，小麦种皮含有大量的镁离子，具有轻泻性，一般要配合高粱使用。

小麦的灰分主要存在于种皮部，胚乳部很少，种皮部的灰分约为胚乳部的 20 倍，以钙、磷和镁最多。钠、锰、铜在胚乳部的含量较皮部高。小麦和玉米一样，钙少磷多，且磷主要是植酸磷（约 1.8%）。小麦中微量元素铁、铜、锰、锌、硒的含量较少。小麦含维生素 B 族和维生素 E 多，而维生素 A、维生素 D、维生素 C 极少。

大　麦

大麦是皮大麦（普通大麦）和裸大麦的总称，也是肉鸽优良的饲料。大麦蛋白质含量高于玉米，但其粗纤维含量较高，适口性差，一般要脱皮后饲喂效果才好。大麦的蛋白质平均含量为 11%，国产裸大麦的蛋白质含量较高，据报道，最高可达 20.3%。大麦氨基酸组成中，赖氨酸、色氨酸、异亮氨酸等含量高于玉米，特别是赖氨酸，有的品种高达 0.6%，比玉米高 1 倍多。可见，大麦是能量饲料中蛋白质品质较好的一种。大麦粗脂肪含量约 2%，低于玉米；脂肪酸中一半以上是亚油酸。

裸大麦的粗纤维含量为 2.0% 左右，与玉米相近；皮大麦的粗纤维含量比裸大麦高 1 倍多，最高达 5.9%。二者的无氮浸出物含量均在 67% 以上，主要成分是淀粉，其他糖约占 10%，其中 β 葡聚糖（一种可溶性多糖）存在于胚乳细胞壁上，约占干淀粉的 3.2%。

裸大麦的有效能值高于皮大麦，仅次于玉米。裸大麦易感染真菌中的麦角菌属而得麦角病，造成畸形籽实，并含有麦角毒。该物质能影响裸大麦产量，降低适口性，甚至引起畜禽中毒。中毒症状表现为坏疽症、痉挛、繁殖障碍、生长抑制、呕吐及咳嗽等。美国规定麦角毒最高允许量为0.3%，若大麦含畸形粒太多，应慎重使用。大麦中含有单宁，约60%存在于麸皮中，10%存在于胚芽，单宁会影响大麦适口性和蛋白质消化利用率。

高　粱

高粱是美国用于喂鸽的主要能量饲料之一。高粱有很多种类，用于喂鸽的主要是籽用高粱。高粱因含有鞣酸，故适口性远远不如玉米和小麦，喂多了易引起便秘，要配合其他能量饲料（例如小麦）使用。一般说来，颜色浅的比颜色深的高粱含鞣酸少，适口性也较好。籽用高粱的化学成分和玉米差不多，水分11.4%，粗蛋白质11.2%，粗脂肪3.0%，粗纤维2.3%，无氮浸出物70.3%，粗灰分1.7%，消化率80.1%。高粱籽粒比玉米小，故1～3月龄的幼鸽比较喜欢采食。高粱在鸽子日粮中一般用量8%～10%，价格便宜时可加大到25%左右，夏季和幼鸽可多些，冬季和种鸽可少些。自由采食时一般在10%左右。很少超过15%。高粱的缺点是：缺乏维生素A，蛋白质品质较差，缺乏赖氨酸、精氨酸、组氨酸和蛋氨酸，宜与豌豆、玉米等搭配使用。

稻　谷

南方稻谷便宜，是南方养鸽的主要饲料，用量较大。但是由于稻谷有粗硬、难消化的谷壳，再者谷粒两头尖，适口性差，而且容易刺伤消化道黏膜，不便亲鸽反吐喂乳鸽，故建议哺育期的种鸽不要喂稻谷。若脱去谷壳成为糙米或白米，则适口性和营养价值均提高了，可以适应各阶段的鸽子食用。一般在日粮中占10%～20%。鸽子多喂了小麦，容易出现腹泻，如果日粮中加入白米就可预防，用量为5%～10%。稻谷与各类米的营养对比见表2。

表2　稻谷与各类米的营养对比

种类	稻谷	糙米	白米	碎米
水分（%）	11.4	14.3	12.2	12.0
粗蛋白质（%）	8.3	8.6	7.4	10.3
粗脂肪（%）	1.8	2.0	0.4	5.0
粗纤维（%）	8.8	1.3	0.4	1.0
无氮浸出物（%）	64.7	72.9	79.1	69.6
粗灰分（%）	5.0	0.9	0.5	2.1
消化率（%）	69.1		79.9	

2. 蛋白质饲料

蛋白质饲料是指干物质中粗蛋白质含量大于或等于20%，粗纤维低于18%的饲料。在肉鸽生产中主要应用的是植物性蛋白质饲料，原粮主要有豌豆、野豌豆、绿豆、油菜籽等。在肉鸽颗粒饲料生产中则主要用到豆粕等饼粕类蛋白质饲料。

豌豆是肉鸽养殖的主要蛋白质饲料，也是鸽喜欢采食的饲料之一。豌豆的种类很多，不同种类颗粒大小、种皮颜色不同。种皮颜色有绿色、麻色、白色等。豌豆营养价值较高，籽实的蛋白质含量一般为 23％～27％，是禾谷类的 2～3 倍。豌豆蛋白质不仅含量高，质量也比较好，尤以赖氨酸含量较高。氨基酸的组成优于小麦，但含硫氨基酸含量较低。此外富含维生素 B_1、维生素 B_2、维生素 PP 及钙、铁、磷、锌等多种矿物质元素。豌豆籽实中胰蛋白酶抑制剂、酯类氧化酶和脉酶的活性低于大豆，因而消化率较高，脂肪和抗营养因子含量低，一般认为适宜生喂，以减少饲喂前加热处理的麻烦，这些都是豌豆作为蛋白质饲料利用的优点。豌豆用量占肉鸽饲粮 20％～30％。每 100 克豌豆籽粒中所含的营养物质见表 3，豌豆蛋白质中 8 种必需氨基酸含量见表 4。

表 3　每 100 克豌豆籽粒中所含的营养物质

项目	含量	项目	含量
热量（千焦）	1 348～1 453	钙（毫克）	71～117
水分（克）	13.0～14.4	磷（毫克）	194～400
蛋白质（克）	20.0～24.0	铁（毫克）	5.1～11.1
脂肪（克）	1.0～2.7	胡萝卜素（毫克）	0.01～0.04
碳水化合物（克）	55.5～60.6	维生素 B_1（毫克）	0.73～1.04
粗纤维（克）	4.5～8.4	维生素 B_2（毫克）	0.11～0.24
灰分（克）	2.0～3.2	维生素 PP（毫克）	1.3～3.2

表 4　豌豆蛋白质中 8 种必需氨基酸含量（毫克 / 克）

赖氨酸	蛋氨酸	苏氨酸	亮氨酸	异亮氨酸	缬氨酸	苯丙氨酸	色氨酸
460	80	240	520	350	350	320	70

野 豌 豆

　　颗粒较家豌豆小，有麻色和白色两种，淀粉含量较高，蛋白质含量略低于普通豌豆。因颗粒较小，肉鸽比较喜欢采食，用量 4%～5%。野豌豆含水分 9.5%，粗蛋白质 23.8%，粗脂肪 1.2%，粗纤维 6.2%，无氮浸出物 56.2%，粗灰分 3.1%，消化率 79.6%。野豌豆由于籽小皮厚，运输中不易破损，故较受欢迎。

绿 豆

　　绿豆蛋白质含量丰富，大小适中，适口性好，是我国养鸽的传统饲料，而且具有清热解毒作用。用绿豆全部代替豌豆喂鸽，可以获得满意的饲喂效果。但是由于绿豆价格高、来源少，一般在夏季适量应用，用量在 3%～5%。绿豆粗蛋白质含量 23.1%，脂肪含量仅 0.8%，碳水化合物含量达到 59%。绿豆中含有丰富的维生素 B_1、维生素 B_2、胡萝卜素、叶酸。钙、磷、铁在绿豆中含量较多。蛋白质组成中富含赖氨酸、亮氨酸、苏氨酸，而蛋氨酸、色氨酸、酪氨酸含量比较少。绿豆皮中含有 21 种无机元素，其中磷含量最高。绿豆磷脂中的磷脂酰胆碱、磷脂酰乙醇胺、磷脂酰肌醇、磷脂酰甘油、磷脂酰丝氨酸和磷脂酸均有增进食欲作用。绿豆的营养素含量见表5。

表5 绿豆的营养素含量（指100克可食部分食品中的含量）

项目	含量	项目	含量
热量（千焦）	316	铜（毫克）	1.08
蛋白质（克）	21.6	锌（毫克）	2.18
脂肪（克）	0.8	铁（毫克）	6.5
碳水化合物（克）	55.6	胡萝卜素（毫克）	3.3
粗纤维（克）	6.4	维生素 B_1（毫克）	0.25
钙（毫克）	81	维生素 B_2（毫克）	0.11
磷（毫克）	337	烟酸（毫克）	2.0
硒（毫克）	4.28	维生素 E（毫克）	11.95
钾（毫克）	787	胡萝卜素（微克）	3.3

大 豆

　　大豆中含水分9.8%，粗蛋白质36.9%，粗脂肪17.2%，粗纤维4.5%，无氮浸出物26.5%，粗灰分5.3%，消化率86.2%。大豆的蛋白质品质较高，有素肉之称，价格相对又便宜，故和谷类饲料组成日粮最适宜。大豆占肉鸽日粮中的用量比例最好掌握在5%～10%。炒熟大豆可完全替代豌豆。大豆含有抗胰蛋白酶，是一种蛋白毒素，所以，喂前最好进行蒸煮或干炒等加工处理以破坏其所含的蛋白毒素。

火麻仁（大麻籽）

　　火麻仁为桑科植物大麻的干燥成熟种子，别名又叫大麻仁、火麻、线麻子。火麻在中国大部分地区有栽培，喜温暖湿润气候，对土壤要求不严，以土层深厚、疏松肥沃、排水良好的沙质土壤或黏质土壤为宜。秋季果实成熟时采收，除去杂质，晒干后为火麻仁。火麻仁味甘，性平，具润肠通便、润燥杀虫功效。火麻仁也是含能量较高的能量饲料，具有健胃通便、促进羽毛生长的作用，在换羽期添加，用量为3%～5%。另外，火麻仁脂肪含量较高，营养丰富，其种子含脂肪油约30%。火麻仁能刺激肠黏膜，使其分泌增加，蠕动加快，减少大肠吸收水分，有泻下作用。按现代营养学分析，去壳火麻仁含蛋白质34.6%，脂肪46.5%，碳水化合物11.6%。火麻仁蛋白质中精氨酸（123毫克／克）和组氨酸（27毫克／克）含量高。据测定每100克脱壳火麻仁含钙12毫克，钾97.8毫克，镁44.2毫克，铁8.03毫克，锌4.14毫克，锰2.21毫克，钠1.5毫克。火麻仁在我国黑龙江、辽宁、吉林、四川、甘肃、云南、广西、浙江等地均有种植，不同产地不同气候对火麻仁的组分影响较大。

油 菜 籽

　　油菜籽含有大量的脂肪和蛋白质，日粮中加入1%～5%油菜籽能促进食欲，增强生殖机能，而且使羽毛富有光泽。但是，这种饲料饲喂过多易引起下痢，所以要控制喂量。

油菜籽含粗蛋白质 24.6%～32.4%，纤维素 5.7%～9.6%，灰分 4.1%～5.3%，脂肪 37.5%～46.3%。硫苷是油菜种子中的主要有害成分，硫苷本身并无毒，但其影响适口性，在芥子酶的作用下会产生异硫氰酸酯、硫氰酸盐、唑烷硫酮和腈等有毒物质，其中异硫氰酸酯、唑烷硫酮等有剧毒。油菜籽中含有一定量的芥酸，芥酸碳链长，不易被消化吸收，营养价值低，会影响油菜籽及油的质量；此外还含有一定量的芥子碱、单宁等有毒物质。油菜籽中毒乳鸽表现两脚麻痹，腹泻，最后抽搐死亡；种鸽精神沉郁，食欲减退或停止，羽毛松乱无光泽，颤抖，两脚后伸呈强直状态，伏地不能站立。

饼　粕　类

　　主要是油料作物榨油后的副产物，包括豆饼（粕）、花生饼、棉籽饼、菜籽饼、葵花籽饼等。这些饼粕蛋白质含量高，脂肪含量低，可作为优质配合饲料的原料。尤其是豆粕，蛋白质含量高达 40% 以上，品质好，其中含赖氨酸 2% 以上，且适口性好，消化吸收率高，是非常优质的蛋白质饲料。熟化的饼粕用于乳鸽育肥，效果更好。饼粕类饲料饲喂青年鸽和种鸽需要先做成颗粒状，然后配合玉米来饲喂。

　　表 6 将肉鸽常用饲料原粮的营养成分及其所占比例进行了汇总，以供参考。

表6　肉鸽常用饲料原粮营养成分表

项目名称	代谢能（兆焦）	粗蛋白质（%）	粗纤维（%）	粗脂肪（%）	蛋氨酸（%）	赖氨酸（%）	色氨酸（%）	钙（%）	有效磷（%）
玉米	13.56	8.6	2.0	3.5	0.13	0.27	0.08	0.04	0.06
小麦	12.89	12.1	2.4	1.8	0.14	0.33	0.14	0.07	0.12
高粱	13.01	8.7	2.2	3.3	0.08	0.22	0.08	0.07	0.08
大麦	11.13	10.8	4.7	2.0	0.13	0.37	0.10	0.12	0.09
稻谷	10.66	8.3	8.4	1.5	0.10	0.31	0.09	0.07	0.08
糙米	13.96	8.8	0.7	2.0	0.14	0.29	0.12	0.04	0.08
大米	14.09	8.5	1.1	2.2	0.18	0.34	0.12	0.04	0.07
豌豆	11.42	22.6	5.9	1.5	0.10	1.62	0.18	0.13	0.12
大豆	14.04	36.9	5.0	16.2	0.40	2.30	0.40	0.27	0.14
绿豆	10.83	22.6	4.7	1.1	0.24	1.49	0.21	0.06	0.40
红豆	10.95	22.2	—	—	0.19	1.62	0.16	—	—
蚕豆	10.79	24.9	7.5	1.4	0.12	1.66	0.21	0.15	0.12
火麻仁	10.45	34.3	9.8	7.6	0.44	1.18	0.40	0.24	0.20

3. 矿物质饲料

矿物质饲料主要有贝壳粉、石粉、骨粉、食盐、石膏、红泥、沙砾和一些微量元素添加剂等。其成分有钙、磷、钠、氯、铁、铜、锰、硒、钴、碘、硫、镁等。这些元素在原粮中的含量往往不能满足肉鸽的需要，需在保健砂中补给，也可以在肉鸽颗粒饲料中添加补充。图36为添加了矿物质和微量元素的保健砂。

图36 保健砂

贝壳粉

贝壳粉为主要的钙补充矿物质饲料，主要成分为碳酸钙。一般认为海水贝壳要优于淡水贝壳。使用时将收集的贝壳洗净晒干，粉碎成米粒大小的碎片即可。贝壳粉的品质和饲喂效果优于石粉，但内陆省份来源少，价格高。

石 粉

石粉主要成分为碳酸钙，用来补充肉鸽对钙的需求。石粉含钙量为35%～38%。某些地方生产的石粉中含有较多的氟、镁、砷等杂质，使用后会出现蛋壳较薄且脆，健康状况不良等现象。按规定石粉中镁含量应小于0.5%，汞含量小于2毫克/千克，砷和铅含量皆小于10毫克/千克。石粉使用时不要完全粉碎成粉状，粉碎成米粒大小为好（石米）。石米适合肉鸽吞食，在肉鸽肌胃中有研磨原粮的作用，有利于原粮消化吸收。

骨　粉

　　骨粉是由各种家畜骨骼经蒸煮、干燥、粉碎而成。骨粉中钙、磷、铁含量丰富，而且比例适当。骨粉主要成分为：钙 30.7%，磷 12.8%，钠 5.69%，镁 0.33%，钾 0.19%，硫 2.51%，铁 2.67%，铜 1.15%，锌 1.3%，氯 0.01%，氟 0.05%。骨粉是肉鸽饲料中最常用的磷源饲料，同时也补充钙。使用骨粉必须注意原料质量，未经高温消毒的骨粉不能直接使用，防止带有病原体而传染疫病。根据加工方法，骨粉可分为脱胶骨粉和蒸制骨粉两种。脱胶骨粉利用高温高压处理，脱去所含的蛋白质、脂肪、骨髓后制成，为白色粉末状，无臭味，骨渣质地松脆。蒸制骨粉是骨头经高温高压处理，脱去大部分蛋白质、脂肪后，经压榨、干燥制成，色泽为灰褐色，有特有的骨臭味。生产中，尽量使用脱胶骨粉。

磷酸氢钙

　　磷酸氢钙也称为磷酸二钙，是目前饲料中广泛使用的一种磷源饲料，可以代替骨粉使用。磷酸氢钙中钙、磷的含量分别为 21% 与 16%，利用效率较高。磷酸氢钙外观为白色或灰色，粉末状或粒状。在市场上常见到一些品质差的产品，磷含量不足而氟含量超标。

石膏

石膏主要成分为硫酸钙，在肉鸽保健砂中使用主要作为钙源和硫源饲料，补充钙元素和硫元素的不足。肉鸽在产蛋期、换羽期、生长期对钙源需求比较多。作为无机硫源被肉鸽利用，减少蛋白质对硫源的补充。除此之外，硫酸钙还有防治部分疾病的功能。在保健砂中一般推荐使用二水硫酸钙（生石膏），其具有清凉解毒功效，有资料介绍，石膏对肉鸽在8～10月换羽有良好的促进作用。保健砂中用量5%左右。

食盐

以海盐最好，除补充氯、钠外，还可以补充碘。食盐供应不足时，肉鸽会出现啄羽、啄肛等异食癖，同时采食量下降而影响到生长和产蛋。在保健砂中食盐的添加量为4%～5%。

肉鸽部分矿物质饲料主要元素含量见表7。

表7　肉鸽部分矿物质饲料主要元素含量

矿物质饲料	钙（%）	磷（%）	镁（%）	钾（%）	硫（%）	钠（%）	氯（%）	铁（%）	锰（%）
石粉	35.81	0.01	2.06	0.11	0.04	0.06	0.02	0.34	0.02
贝壳粉	38.1	0.07	0.3	0.1	—	0.21	0.01	0.29	0.013

矿物质 饲料	钙 （%）	磷 （%）	镁 （%）	钾 （%）	硫 （%）	钠 （%）	氯 （%）	铁 （%）	锰 （%）
脱脂骨粉	30.71	12.86	0.33	0.19	2.51	5.69	0.01	2.67	0.03
磷酸氢钙	29.60	22.77	0.80	0.15	0.80	0.18	0.47	0.79	0.14
磷酸钙	32.07	18.25	—	—	—	—	—	—	—
生石膏	23.0	—	—	—	18.6	—	—	—	—
食盐	0.03	—	0.13	—	—	39.2	60.61	—	—

微量元素添加剂

微量元素添加剂用来补充肉鸽对铜、铁、锰、锌、碘、钴、硒等微量元素的需求。在配合肉鸽保健砂时，一般选择市场上常见的禽用微量元素添加剂即可，保健砂中的添加量为5%左右。

4. 维生素添加剂

添加维生素时，一般可按下列配方在配合饲料中使用，添加比例为每吨配合饲料添加维生素总量100克，包括维生素A500万国际单位，维生素E 12.5克，维生素$B_1$12.5克，维生素$B_2$15克，维生素B_{12}20克，维生素K35克，烟酸25克，泛酸钙10克。保证维生素添加时效果不被破坏，要避免高温、暴晒、蒸煮等，维生素添加剂应保存于低温、阴暗处。复合维生素添加剂最好通过饮水使用，加入保健砂中会失效。

5. 肉鸽日粮经验配方

美国鸽场和饲料公司发现，豌豆、小麦、高粱是组成肉鸽日粮的最佳基本饲料。美国有些人在商品鸽场做了一些试验，对300对左右肉鸽进行了为期

12个月的试验，用4种籽实任凭肉鸽自由选食，结果消耗玉米39.5%、豌豆22.7%、小麦19.8%、南非高粱18.0%；对白羽卡奴鸽进行一年自由选食试验，结果消耗玉米36.9%、豌豆25.3%、小麦19.3%、南非高粱18.5%；对白羽王鸽进行试验，年平均消耗玉米40%、豌豆23%、小麦22%、南非高粱15%。

饲料案例

美国帕尔梅托鸽场集30多年的成功经验，配制了两种日粮，一种供冬春用，一种供夏秋用。前者由黄玉米35%、豌豆20%、小麦30%、高粱15%组成，后者由黄玉米20%、豌豆20%、小麦25%、高粱35%组成。由上面例子可以看出，肉鸽日粮中能量饲料占75%～80%，蛋白质饲料占20%～25%。只要日粮中豌豆用量掌握在20%～25%，其他3种能量饲料中的任何一种饲料用多用少一般不会导致日粮营养缺乏。

6. 饲料配方举例

据调查了解广东、香港、广西部分鸽场，总的来说，种鸽原粮配方代谢能能满足要求，但粗蛋白质含量偏低，同时氨基酸不平衡，缺乏维生素和微量元素等。南方地区建议配方见表8，北方地区建议配方见表9。

表8　南方地区肉鸽饲料建议配方

玉米（%）	稻谷（%）	小麦（大麦）（%）	高粱（%）	糙米（%）	绿豆（%）	豌豆+黄豆（%）	火麻仁（%）	代谢能（兆焦/千克）	粗蛋白质（%）	配方来源
35	6	12	12	—	6	26	3	12.20	13.10	深圳鸽场
55	—	10	10	—	—	20	5	13.00	11.50	东莞鸽场
37	—	12	10	10	—	28	3	12.20	12.30	茂名鸽场
36	—	14	10	5	30	5	—	12.70	12.90	南宁鸽场

表 9　北方地区肉鸽饲料建议配方

类　型 ＼ 原 粮%	玉米	豌豆	高粱	小麦	大米	绿豆	火麻仁
青年鸽及休产鸽	50	20	10	20	—	—	—
	40	17	10	15	10	5	3
	34	10	25	25	5	—	1
育雏期种鸽	40	30	10	20	—	—	—
	30	10	10	10	20	15	5
	45	20	10	13	—	8	4
	20	30	—	10	40	—	—

二、肉鸽保健砂的配制与使用

1. 保健砂的功能

　　传统养鸽以谷物籽实和豆类原粮为主食，尽管原粮中含有钙、磷等多种矿物元素，但还不能满足肉鸽生长、繁育和高产需要。目前养鸽户通常是通过添加保健砂来补充矿物质、微量元素等。同时保健砂能增进肉鸽的消化机能，促进新陈代谢和营养平衡，尤其对于笼养肉鸽更为重要，必须引起重视。

保健砂的主要成分除了上述矿物质饲料原料（贝壳粉、石粉、骨粉、磷酸氢钙）外，还包含以下原料：

（1）红土或黄土　红土或黄土为黏土，大部分地区都可以挖到，但要挖掘深层的泥土，不含细菌和杂质。挖掘的红土或黄土要置于阳光下晒干后储存备用。黄土或红土中含有铁、锌、钴、锰、硒等多种微量元素，而且肉鸽比较喜欢泥土的味道，能够促进采食。

（2）沙砾　选购江河采掘的粗沙，用水冲洗干净，置于阳光下晒2～3天即可。沙的主要作用是帮助肌胃对饲料进行研磨消化。同时，沙砾在肌胃中也会被慢慢消化，其中的微量元素被肉鸽吸收利用。沙砾要求直径3～5毫米，用量20%～40%。沙砾缺乏时可用石灰石颗粒代替。

（3）木炭末　木炭末具有很强的吸附作用，能够吸附肠道内产生的有害气体，清除有害的化学物质和细菌等，还有收敛止泻的功效。木炭末在肠道内吸附于消化道黏膜，保护肠道，但同时也吸附营养物质，对饲料营养成分的吸收有一定影响。木炭末在保健砂中的用量不宜太大，一般控制在4%以内。

（4）多种维生素和氨基酸　饲料中限制性氨基酸如赖氨酸、蛋氨酸、胱氨酸等，可以在保健砂中适量添加，但必须注意，氨基酸添加要现用现配，不能将氨基酸混入保健砂中长时间存放，防止引起霉变。

（5）中草药粉　常用的中草药粉有：穿心莲粉，有抗菌、清热和解毒功效；龙胆草粉，有消除炎症、抗菌防病和增进食欲的功效；甘草粉，能润肺止渴、刺激胃液分泌、帮助消化和增强机体活力的功效；金银花粉，有清热解毒的功效。

（6）酵母粉　酵母粉不但富含蛋白质和多种维生素，而且具有助消化的作用，特别是刚离开亲鸽的童鸽，保健砂中应适量添加。酵母粉在保健砂中也必须现用现配。

2. 保健砂的配方

由于各地区饲养经验及当地矿物质含元素的差异，各地在保健砂的配方上也有所不同。兹介绍几种比较有代表性的配方，供肉鸽场（户）参考。

昆明地区配方

红壤土 20%，河沙 20%，骨粉 20%，蛋壳粉 10%，食盐 10%，木炭末 10%，砖末 10%。

广东地区配方

黄泥 30%，细沙 25%，贝壳粉 15%，骨粉 10%，旧石膏 5%，熟石灰 5%，木炭末 5%，食盐 5%。

香港地区配方

细沙 60%，贝壳粉 31%，食盐 3.3%，牛骨粉 1.4%，木炭末 1.5%，旧石膏 1%，明矾 0.5%，甘草 0.5%，龙胆草 0.5%，氧化铁 0.3%。

北方地区配方

红泥土 35%，河沙 25%，贝壳粉 15%，骨粉 5%，石灰石 5%，木炭末 5%，食盐 5%，生石膏 5%。

3. 国内肉鸽保健砂的类型

国内肉鸽保健砂共有 3 种类型：

（1）粉型　该类型适用于配方中大部分为细小颗粒的原料，把原料按比例称好充分混匀即可投喂。其优点是便于鸽子采食，省工省力。

（2）砖型　该类型适用于配方中大部分为粉型原料。把原料称好拌匀后，加清水调和，制成砖型阴干，喂时可敲成碎块，也可让鸽子啄食。其缺点是费工费时，某些营养成分会受到破坏。

（3）湿型　原料中颗粒料、粉料比例差不多，使用前把原料称好拌匀，加少量水混合（料水比约为 4∶1），使粉料黏附在颗粒料上，易于鸽子采食。这种湿型保健砂鸽子慢慢能适应，有报道说鸽子似乎更喜欢这种潮湿的矿物质饲料。

4. 保健砂的使用方法

（1）肉鸽采食保健砂观察　肉鸽采食保健砂时，用喙啄食再吞咽至嗉囊。鸽采食保健砂程序有以下几种：①保健砂→饲料→饮水→哺喂仔鸽。②饲料→保健砂→饮水→哺喂仔鸽。③饮水→饲料→保健砂→哺喂仔鸽。鸽会自行调控保健砂采食量。肉鸽采食保健砂呈周期性间隔，日常添加保健砂以 2 ～ 3 天吃完为好，要求保健砂新鲜干燥，盐量适宜。

（2）种鸽保健砂用量　鸽子在不同时期所需要的保健砂量不同，生产鸽在整个育雏期对保健砂的需求情况是：出雏最初 3 天摄入量较少，4 天以后逐渐增多，3 ～ 4 周达到最高峰，4 周以后又慢慢减少。这是因为亲鸽能根据乳鸽的生长需要调节自己保健砂的采食量。一般情况下，每对产鸽平均每天采食保健砂 6 克，这样就可根据采食量，推算出各种添加剂和药物加入保健砂的量，确保肉鸽健康生长。

小知识

　　有研究表明：种鸽产蛋孵化期，每天每对种鸽采食保健砂 3.5 ～ 4.1 克；乳鸽出壳 3 天，每天每对种鸽采食保健砂 4.0 ～ 4.8 克；乳鸽出壳 4 ～ 7 天，每天每对种鸽采食保健砂 7.5 克；乳鸽出壳 8 ～ 14 天，每对种鸽每天采食保健砂的量增加到 9.6 克；乳鸽出壳 15 ～ 21 天，采食量为 13 克 /（对·天）；乳鸽出壳 22 ～ 28 天，达到最大量，为 18 克 /（对·天）。

（3）现配现用　保健砂的原料无论是购买，还是自己采集，都要保证原料的质量。现配现用，保证新鲜，采用专用保健砂杯进行饲喂。对保健砂的饲喂，理论上讲，应该全天供给，自由采食，不限饲。但实际生产中，保健砂以 2 ～ 3 天投放 1 次为宜。一般在上午喂料后投喂适量的保健砂。每周彻底清理保健砂杯一次，将旧的保健砂倒出，加入新鲜的保健砂，以保持肉鸽旺盛的采食力。

（4）定时供给　每天定时供给，下午 3 ～ 4 点。注意保健砂不要和饲料放到一起，要配备专用保健砂杯，定期清理杯中的剩余物，保证健康。

5. 配制保健砂注意事项

配制的保健砂要求适口性好、成本低、效果好。在配制保健砂时，要注意以下几点：①要检查各种配料是否纯净，有无杂质和霉变。②配料混合时应由少到多，反复搅拌均匀。用量少的配料，可先与少量沙粒混合均匀，逐渐稀释，最后混进全部的保健砂中。③需加入一定水分，使保健砂保持一定的湿度。④现配现用，防止某些物质被氧化、分解。一般可将保健砂中不易变质的主要配料，如贝壳片、河沙、黄泥等先混匀，再把用量少、易潮解的配料在每次饲喂前混合在一起。⑤在一些特殊季节或鸽群处于不同生理状态时（如夏季阴雨、哺育期），应及时调整木炭末的百分比，必要时加入一定量药物，以促进生长和预防疾病。另外，保健砂的配方及类型应保持相对稳定，不宜频繁更换。如必须更换，则需要有一定的过渡期，以免对鸽群造成不良反应。

6. 新型保健砂的研制与应用

近年来，保健砂这一传统的方法也正悄悄在进行创新，广州某添加剂厂研制了豌豆大小的保健砂，既保持了保健砂的成分及功能，又方便鸽子采食，还不造成保健砂杯的污染和浪费。初步试验证明这种保健砂是成功的，其生产成本基本不增加，而且可节省工人放保健砂的时间。

三、颗粒饲料在肉鸽养殖中的应用

1. 颗粒饲料原料选择

动物性蛋白质饲料

动物性蛋白质饲料蛋白质含量高，是植物性饲料的 $1 \sim 3$ 倍，所含营养成分较齐全，特别是植物性饲料中缺乏的氨基酸如赖氨酸和色氨酸，在动物性蛋白质饲料中含量较多；同时含钙、磷等无机盐也较多，且比例适当，较易被机体消化和吸收。动物性蛋白质饲料主要有鱼粉、肉粉等。但使用动物性蛋白质会使饲料有腥味，在青年种鸽阶段可以使用，种鸽哺喂阶段或人工哺喂乳鸽料不要使用。

植物性蛋白质饲料

颗粒饲料生产主要应用饼粕类蛋白质饲料，其蛋白质含量丰富，品质也较好。也可以用籽实类饲料，如豌豆、大豆、黑豆等。要注意大豆中含有抗营养因子，必须炒熟后使用。

徐又新等(1990)比较了圆柱形颗粒饲料(直径6.0毫米、长12.0毫米)与球形颗粒饲料(直径6.0毫米)对种鸽的影响,结果饲喂球形颗粒饲料组,25日龄乳鸽平均多增重54.8克($P < 0.05$),育成率提高10%,饲料报酬提高1.1%,育雏后种鸽体重下降也较少,种鸽能迅速恢复体重,确保了下窝乳鸽的孵化质量。在实际生产中,受生产设备条件的制约,种鸽颗粒型饲料大多还是采用通用柱形颗粒,其中直径3.5毫米、长度5~8毫米的颗粒料效果较好。

2. 配方原则

(1)参考饲养标准 配制日粮时依据饲养标准,并根据鸽的品种、生长阶段、生理状态及饲养目的、生产水平等,来合理配制日粮。

(2)原料选择 要求饲料原料无毒、无霉变、无污染、不含致病微生物和寄生虫。要尽可能考虑利用本地的饲料资源,同时考虑到原料的市场价格,在保证营养的前提下,降低饲料成本。

(3)原料多样化 多种饲料搭配,发挥营养的互补作用,使日粮的营养价值高而适口性好、提高饲料的消化率和生产效能。

(4)控制水分 水分要适宜,水分过大,影响储存,并使配料不准确。

(5)保持饲料的相对稳定 日粮配好后,要随季节、饲料资源、饲料价格、生产水平等进行适当变动,但变动不宜太大,保持相对的稳定,如果需要更换品种时,要考虑逐步过渡。

小知识

颗粒饲料使用中存在的问题与对策

1. 存在的问题

全价颗粒饲料解决了肉鸽集约化、规模化饲养过程中一些饲料原料采购困难、供应不正常和原粮配合过程繁杂的矛盾,为种鸽的科学饲养提供了营养保证，提高了种鸽的生产性能。但由于颗粒饲料改变了种鸽的采食习惯，生产中也出现了一些问题。刘国强等（2004）在饲养中发现，种鸽原粮料组基本无啄毛现象，而颗粒饲料组啄毛达到2%，且添加2%的羽毛素后啄毛现象仍无改观。另外，由于颗粒饲料采食量多于原粮，容易引起不带仔导致种鸽过肥，从而影响产蛋及受精。

颗粒饲料在开始饲喂时，鸽子可能有采食量下降甚至是拒食的表现，因此肉鸽饲料由原粮改变成颗粒料要有一个过渡阶段，一般过渡期为7～9天，刚开始添加10%的颗粒饲料逐步过渡到全部使用颗粒料。

2. 对策

甘肃农业大学李婉平等（2002）比较了颗粒饲料、原粮、混合料（颗粒料、原粮各占50%）对种鸽生产性能的影响，在主要营养水平基本一致和管理条件相同的情况下，产蛋数、出雏数无显著差异，乳鸽增重、成活率颗粒饲料组最低，经济效益混合饲料组最好，全部使用颗粒饲料没有达到预期效果，因此建议在种鸽生产中推广应用混合饲料。华南农业大学王修启等（2007）也发现与混合饲料相比，全价颗粒饲料造成了啄毛鸽数量的增多、乳鸽成活率降低和种鸽产蛋间隔的显著推后，降低了乳鸽的品质并延长了乳鸽生产周期，但全价饲料在饲料节约和降低种鸽繁殖期失重方面有明显优势。而沙文锋等（2001）研制的种鸽平衡颗粒饲料实际上也是一种混合饲料，能量饲料使用原粮，保持了种鸽的采食天性，取得了较好的效果。

种鸽在哺育幼鸽时喜食颗粒饲料，不带乳鸽时喜食原粮饲料。在实际生产中，广东的中大型养鸽场大都使用混合饲料，即日粮中原粮饲料占70%～75%，全价颗粒饲料占25%～30%，并配保健砂。据深圳市华宝种鸽场6年的统计来看，使用颗粒饲料显著提高了健康乳鸽的成活率，一对种鸽全年可多产健康乳鸽2只，乳鸽平均耗料量降低10%以上。另外，使用混合饲料后，亲鸽食后不需在肌胃里进行复杂的机械消化即可迅速反乳给鸽仔食用，种鸽生产性能提高，鸽场普遍采用仔鸽并窝3只甚至4只的做法，缩短了种鸽繁殖周期。目前大型养鸽场有提高全价颗粒饲料使用比例的趋势，占混合料的30%～50%，乳鸽可并窝4～5只。

四、肉鸽维生素的供给

维生素是家禽所必需的营养物质，它的需要量很小，但对于家禽的新陈代谢、生长发育具有重要的作用。维生素的种类很多，有脂溶性维生素如维生素A、维生素 K、维生素 D、维生素 E，还有水溶性的 B 族维生素、维生素 C。维生素的用量很小，一般以添加剂的形式供给，有单项维生素添加剂和复合维生素添加剂等区别。肉鸽维生素添加剂需要在饮水中供给，因为饲料原粮和维生素不易搅拌混匀，而保健砂中添加会使维生素失效。肉鸽用维生素添加剂最好选购禽用水溶性复合维生素添加剂，每周按照用量在水中添加 1 次，用 1 天。

小知识

肉鸽饲料的储藏

1. 原粮饲料

凡是购进新收获的谷、豆、油料等籽实，必须予以充分晒干或烘干后储存。秋季收获的原已相当干燥的籽实应至少储存 2 个月，秋季收获的比较潮湿的籽实弄干后应储存 4 ~ 6 个月。对于用作鸽的原粮饲料，储存的时间在一年或两年内愈长则愈好。

2. 颗粒饲料

颗粒饲料在储存过程中易遭受高温、高湿影响，导致饲料发生霉变。储存饲料时要求空气的相对湿度在 70% 以下，饲料的水分含量不应超过 12.5%。

颗粒饲料在储存、运输、销售和使用过程中极易发生霉变。大量的霉菌不仅消耗、分解饲料中的营养物质，使饲料质量下降、报酬降低，而且还会引起采食的畜禽发生腹泻、肠炎等，严重的可致其死亡。实践证明，除了改善储存环境外，延长饲料保质期的最有效的方法就是采取物理或化学的手段防霉除菌，如在饲料中添加脱霉剂等。

总之，应该将配合饲料存放在低温、干燥、避光和清洁的地方。一般情况下，颗粒状配合饲料的储存期为 1 ~ 3 个月。

专题五
肉种鸽饲养管理关键技术

专题提示

1. 乳鸽期的饲养管理。
2. 童鸽期的饲养管理。
3. 青年鸽的饲养管理。
4. 成年鸽的饲养管理。

一、乳鸽期的饲养管理

1. 人工诱导哺喂

如果乳鸽出壳 5～6 小时，种鸽仍不喂食，要检查和寻找原因。如果是种鸽患病，除要将其隔离治疗外，还要把乳鸽调出并窝；如果是种鸽初次育雏，不会哺喂，应人工诱导哺喂。方法是：把初生乳鸽的嘴轻轻地放进种鸽的嘴里，经过几次诱导，种鸽就会了。

2. 做好选留工作

准备留种的乳鸽要根据系谱记录和个体发育情况精心挑选，保证把高产的个体留下来。查看系谱记录主要是了解父母亲鸽的产蛋记录、孵化情况与育雏情况，选留后代要求亲鸽产蛋间隔短、孵化育雏能力强（母性好）。个体发育情况要求体重大，发育良好，无畸形。早期选种，性状遗传力高，选种效果好。

3. 戴脚环

对符合留种条件的乳鸽，1～2 周龄应及时戴脚环。脚环是种鸽的一种身份证，终身不变。肉鸽的脚环印有号码，以作为区分姐妹鸽的标志。合格个体在转入童鸽舍时应记载好脚环号码、羽毛特征、体重、性别、出生年月、亲代生产性能等原始资料。

4. 及时调整亲鸽营养

初生乳鸽（图37）一是不能行走与采食，完全靠亲鸽来哺育；二是生长发育迅速，增重快。留种乳鸽一般不进行人工哺喂，完全由亲鸽哺喂到1月龄独立觅食。在亲鸽哺喂阶段，随着乳鸽日龄的增加，其食量增加，所以亲鸽频频地喂乳鸽，有时每天哺喂多达十几次。要保证亲鸽摄入足够优质饲料，可增加豆类的用量，并且逐步增加饲喂量（比非育期多吃1～3倍的饲料）。雏鸽长到16～17日龄时，高产种鸽一般又要继续发情产蛋，一定要保证饲料营养到位。20～25日龄后，乳鸽会在笼里四处活动，不过还不能自己啄食，仍然依靠亲鸽哺喂。因此要给亲鸽加喂高蛋白质饲料，供给饲料应坚持少给多次的原则，这样不仅可引起亲鸽的食欲和满足喂幼鸽需要，而且可以防亲鸽吃得太饱而将幼鸽喂得太饱。在此期间，亲鸽开始表现不照料幼鸽的动作，当幼鸽饥饿时，就会用自己的喙去碰触亲鸽，或用身体去摩擦亲鸽讨食。这时亲鸽会开始强迫乳鸽独立生活，做出不愿照料乳鸽的动作。此时应增加高蛋白质饲料的供应，以满足乳鸽营养需要。

图37　初生乳鸽

5. 保持巢窝清洁干燥

出壳3～4天后，乳鸽补喂量日见增加，排粪也多，往往容易污染巢窝，尤其是乳鸽下巢盘后，亲鸽减少了对它的呵护，这时的乳鸽身体抵抗力差，最易发病。因此，雏鸽的生活环境一定要清洁、干燥、卫生。定期铲除鸽粪，及时更换麻布片或其他垫物。还应定期带鸽消毒。天气阴雨潮湿时，在舍内铺撒生石灰，以降低舍内湿度，避免细菌滋生。

6. 环境控制

初生乳鸽羽毛很短，御寒能力差，寒冬季节要做好防寒保温工作，当舍温低于6℃时，要增加保暖设施；夏季要防暑，舍温高于26℃时，要做好防暑工作。

二、童鸽期的饲养管理

1. 童鸽的生理特点

童鸽是指留种用1～3月龄的幼鸽（图38）。童鸽期生活方式发生了很大的变化，由原来巢盆中亲鸽哺喂变为离巢独立生活，对环境的适应性差，采食能力弱，抗病力弱，还要经历换羽，是肉鸽最难饲养管理的阶段。其生理特点表现在以下几个方面：

图38　童鸽

（1）对环境的适应性差　刚选留的童鸽，正处于从哺育生活转为独立生活的转折期，其环境发生了很大变化，再加上童鸽本身适应能力较弱，饲养管理稍有疏忽，就会使生长受阻或患病，无论冬夏，都要饲养在保暖条件较好、地面干燥的鸽舍内，地面上铺上松软的垫料，并要经常翻松或更换。冬季寒冷，要注意关闭门窗，堵塞孔洞，防止寒风侵入。晚上更应注意舍内温度。夏季炎热时注意通风换气、防暑降温等。

刚被转移到新鸽舍的童鸽，由于对新环境不适应，会表现出情绪不安、不想饮食等，但经过半个月的养育就会有一定的适应能力。在此期间应精心喂养，加强护理，否则很容易患病死亡。

（2）采食能力弱 童鸽由亲鸽哺喂转为自己采食，很不适应，需要有一个过程。要保持鸽笼及巢窝干净和安静，饲料要喂给颗粒状饲料及充足的保健砂，每天供给1～2次添加了B族维生素的水溶液，保健砂每只鸽每天用量3～4克。

（3）抗病力弱 童鸽身体各部分发育未成熟，抵抗力较差，疾病的发生和传播比成年鸽严重。童鸽阶段是鸽子一生中最容易患病的时期，尤其是换羽时期。做好童鸽疾病的预防工作，增强抵抗力，是培育好童鸽的根本保证。预防童鸽发病的积极措施是搞好鸽舍的卫生，减少童鸽与鸽粪接触的机会，保证饲料、饮水的卫生以及给予全价的日粮和充足的保健砂。此外，定期给予群体预防性用药，对提高抵抗力，预防疾病的发生亦有明显的效果。

2. 童鸽饲养方式

离巢时间

商品乳鸽离巢时间为23～28日龄，这时的肉料比最合算，且体重也合适。如留作种用，童鸽可继续留养在亲鸽身边，待30日龄能完全独立生活时再捉离亲鸽。刚开始离开亲鸽的童鸽，应尽量供给颗粒较细及质量好的饲料，经1～2天适应，童鸽即可完全自行采食。

建立童鸽档案

为了避免将来近亲交配，必须建立系谱档案。被选留种用的童鸽也必须戴上编有号码的脚环，然后做好原始记录（如自身脚环号码、羽毛特征、体重及亲代已产仔窝数等），再送入童鸽群饲养。

小群饲养

刚离开亲鸽的童鸽，生活能力不强，有的采食还不熟练，因此，童鸽最好采用小群饲养，防止相互争食打斗，弱小的童鸽吃不足、吃不到蛋白质饲料。有条件的养殖场可建设专用的童鸽舍和网笼，一般2米^{2}育种笼可饲养20～30只童鸽，也有的养殖场将童鸽养殖在种鸽笼内，每笼3～4只。童鸽阶段对环境的适应性较差，一般采用舍内饲养。要求房舍保暖性好，光照充足，通风良好。长料槽、饮水杯挂在笼外。

3. 童鸽对饲养环境的要求

温度控制

冬季童鸽要饲养在保暖条件较好、地面干燥的鸽舍内，地面上铺上松软的垫料，并要经常翻松或更换。冬季寒冷时，要注意关闭门窗，堵塞孔洞，防止寒风侵入，晚上更应注意舍内温度。夏季炎热时注意通风换气、防暑降温。环境温度一般控制在 25℃ 左右，避免强风直吹，冬季可用红外线灯加热增温。

湿度控制

童鸽阶段经历第二次换羽，脱落的羽毛碎屑到处乱飞，因此鸽舍相对湿度控制为 50%～60%，可减少疫病随空气传播。经常进行带鸽消毒，在夏季多雨时期，要注意开窗通风换气。

光照控制

童鸽阶段一般采取自然光照，光照时间不宜过长，但刚转群的童鸽夜间适当补充照明，以提高对环境的适应能力。夏季南方开放式鸽舍要注意适当遮光，避免光线过强引起鸽群骚动。

环境卫生

童鸽舍内饲养，夏季要控制蚊子叮咬，最好用纱窗阻挡，也可用灭蚊剂喷洒驱除，但要注意避免童鸽大量吸入引起中毒。每周至少用过氧乙酸进行一次环境消毒。应注意清洁卫生，每天清除鸽粪，并经常清洗水槽和饲槽，防止饲槽和水槽被鸽粪污染。

雾霾环境的应对

雾霾天气对养殖业影响主要有两个方面。一是"静稳天气"不利舍内有害气体扩散和户外新鲜空气交换，造成舍内氨气、二氧化硫、二氧化碳等迅速聚集，导致畜禽免疫力降低；二是雾霾载体成为病菌滋生的温床与传播的工具，可能诱发疫病发生。

面对雾霾天气来袭，可采取以下措施减少对养殖生产的不利影响：一是加强舍内通风，降低舍内有害气体等污染物的聚集；二是加强环境卫生消毒，杀灭气源性病原微生物；三是在条件许可情况下，加强空气净化，如除尘、供暖、除湿等技术应用，可在鸽舍内安装大型的空气除尘器等。

4. 做好选种工作

初　选

准备留种的乳鸽，在进入童鸽阶段时要经过严格挑选。初选一般是根据乳鸽的体重发育情况、羽毛颜色要求来进行的。凡外形、羽色符合品种特征和生长发育良好、没有畸形缺陷、1月龄体重达到600克以上的鸽，都可以留种。达不到要求的鸽子，作为商品鸽出售。

第二次选种

对于留种用的童鸽，45日龄后应适当增加运动量，可通过适当刺激让童鸽多运动。55日龄左右，童鸽开始更换主翼羽，这时再进行一次选留，根据个体发育情况，对不符合种用条件的童鸽予以淘汰。对选留下的优秀个体进行新城疫、禽流感、禽痘等疫苗的接种。

建立档案

为了避免将来近亲交配，必须建立系谱档案。被选留种用的童鸽必须先戴上编有号码的脚环，然后做好原始记录（如自身脚环号码、羽毛特征、体重及亲代已产仔窝数等），再送入童鸽群饲养。

5. 童鸽的饲喂

进入童鸽期后，鸽的生活方式发生了很大的变化，尤其在采食方式上，由亲鸽哺喂转变为自己采食，刚开始很不适应。

饲料要求

不同日龄的童鸽对饲料的要求也不同，一般30～80日龄的童鸽要求饲料营养比较全价，粗蛋白质含量宜在16%～18%，同时颗粒大的粒料粉碎成较细小粒料，再用清水浸泡晾干喂给，以便于吞食与消化。在饲喂上，坚持少喂多餐，以利于消化吸收。80～140日龄童鸽，为预防太肥和早熟，常采取限饲的方法，一般每只每天喂料30～40克，每天喂2～3次，饲料粗蛋白质含量降至13%左右。如果发育过缓，达不到标准体重，也可适当提高粗蛋白质含量及饲喂次数。140～180日龄的童鸽，要逐步提高饲料质量，粗蛋白质含量要求达到15%左右，以促使鸽群成熟配对。

2月龄左右童鸽开始换羽，饲料配方中能量饲料可适当增加，占85%～90%，火麻仁的用量增为5%～6%，以促进羽毛的更新。保健砂中适当加入穿心莲及龙胆草等中草药，饮水中有计划地加入抗生素，预防呼吸道病及副伤寒等疾病的发生。

学习采食阶段的饲喂

童鸽在开始学采食期间，最好用颗粒较小的饲料（小麦、高粱、小粒玉米、大米、豌豆等），便于采食。在饲喂前先用水进行浸泡软化，利于消化。同时供给优质的保健砂。对一些还没有学会采食的童鸽要进行人工塞喂，保证正常的营养需要。每天饲喂3～4次，以保证足够的营养和热量来源。在饲喂时，最好每次加喂钙片或鱼肝油1粒，应视情况而定，发育比较好的可以减少，因为钙质过量会使骨骼、羽毛变脆而易断。

童鸽的饮水

有的童鸽开始可能不会自行饮水，可在其渴时，一手持鸽，一手将其头轻轻按住（不要猛按或按得太深，以防呛死），让其饮水数次后即会自饮。在饮水中最好适当加入食盐或 B 族维生素，对预防童鸽疾病有好处。

帮助消化

童鸽消化机能较差，有的童鸽吃得太饱，容易引起积食，可灌服酵母片帮助消化。保健砂一般每只童鸽每天 5 克左右定时供应，保健砂颗粒不宜过大，可适当添加适量酵母粉和中草药粉，既帮助消化，又增强抵抗力。还要细心观察食欲情况，发现有食欲减退、缩在一旁不思食者，应及时进行隔离检查，防止病重死亡或传染他鸽。

6. 预防用药

做好饲养管理工作是预防疾病的前提，但是预防性用药也是不可忽视的，只有多方面结合，综合预防，才能收到理想的效果。

刚离巢童鸽的用药

幼鸽 30 日龄左右便离巢转入童鸽阶段。为了减少应激，防止发病，刚离巢的童鸽可用复合维生素 B 液每只每天 0.2～0.3 毫升，维生素 A、维生素 D 分别每只每天 200～300 国际单位和 40～50 国际单位（可用鱼肝油乳剂）进行饮水（每天分 2 次加入饮水中），连续饮用 2～3 天。每只鸽每天饮水量为 40～60 毫升。

阴雨天童鸽的用药

阴雨天，连续下雨，鸽舍潮湿，是饲养童鸽的大忌。这时，要彻底洗擦场地，防止鸽粪积聚，减少饲料和饮水污染，避免雨淋和饮污水，并按说明增加维生素 A、维生素 D，疗程视下雨时间长短而定。

控制毛滴虫病和念珠菌病用药

毛滴虫和念珠菌寄生于鸽体内相同的部位，即口腔、咽部、食管和嗉囊。所引起的症状和病变十分相似，并常合并感染。幼年鸽感染率较成年鸽高，症状和病变亦较严重。因此要定期检查，定期预防。①毛滴虫病：一般每3～4个月检查一次，采集食管分泌物直接涂片，40倍镜检，发现有虫体感染后即全场全面性用药（包括产鸽），可用0.05％的1，2-二甲基-5-硝基咪唑溶液饮水，连用7天。用药后再采食管分泌物镜查，检查疗效。②念珠菌病：由于念珠菌与毛滴虫常并发感染，因此在消灭毛滴虫感染的同时，应继续消灭念珠菌的感染。可用制霉菌素每千克饮水100万国际单位，连饮5～7天。饮水时，中间最好摇动饮水器具。

鸽出售运输前的用药

部分童鸽饲养到一定时期，需要出售并运输到各地，为了减少运输途中的应激，减少疾病的发病和传播，在运输前3天需要喂服抗菌药物，如青霉素、链霉素、磺胺类药物等，连用2～3天。

小知识

换羽期的管理

童鸽在55～60日龄开始换羽，第一根主翼羽首先脱换，以后每隔10天更换一根主翼羽，至6月龄时基本更换结束，并进入体成熟。副羽则一年换一根。童鸽换羽期间，外界的不良刺激（寒冷、空气污染、营养不良等）会诱发疾病的流行，如沙门菌病、球虫病、毛滴虫病和念珠菌病等。因此，要做好防寒保暖、环境卫生清洁工作，增加饲料中火麻仁比例。换羽期要保障蛋白质摄入，适当减少日粮中能量饲料的比例而增加蛋白质饲料，一般蛋白质饲料的占比应达到25％以上。保健砂饲喂量每天每只肉鸽6～8克定时供给，并适当增加保健砂中钙、磷的含量。

换羽前期（50～80日龄）是童鸽在整个饲养期内发病率和死亡率的高峰时期。发病、死亡高峰一般从换羽开始，持续1个月左右，以后逐渐降低。因此，高峰期内全力做好预防工作，是童鸽健康生长和提高成活率的重要保证。这段时期内，要给予一定的药物预防，可根据情况选择使用或交替使用如下几种药物：①青霉素和链霉素混合饮水，在每10千克饮水中加入青霉素和链霉素各150万～200万国际单位（为了防止药物分解，每天可分2次给药）。②0.01%高锰酸钾溶液饮水，连续饮用3～5天为1个疗程，高峰期内使用3个疗程，每个疗程相隔3～4天。对个别症状明显的病鸽隔离治疗、处理。

小知识

童鸽的洗浴管理

沐浴既能使鸽体羽毛保持清洁，防止体外寄生虫病，又能刺激鸽体内生长素的分泌，促进鸽体生长发育。一般每周洗浴1～2次。童鸽洗浴时间不宜太长，每次半小时即可，浴后的污水，要随时倒掉，以免童鸽自饮污水，引起疾病。驱除童鸽体内外寄生虫较有效的方法是水浴驱虫法：采用0.2%～0.3%的敌百虫水溶液让童鸽水浴，每月1次，配对上笼前1周1次，效果很好。要防止因药液浓度过高造成中毒。

三、青年鸽的饲养管理

肉鸽生产中，通常把3～6月龄的鸽称为青年鸽或育成鸽，这是培育种鸽的关键阶段，青年鸽培育的好坏直接影响种鸽的生产性能，这个时期的饲养管理应根据青年鸽的生理特点进行。

1. 青年鸽的生理特点

（1）适应性增强　3月龄后的青年鸽已度过50～80日龄换羽危险期，生长发育减缓，消化能力增强，第二性征逐渐明显，新陈代谢旺盛。青年鸽时期应实行限制饲养，以防止采食过多而过肥，从而抑制性腺的发育。3月龄后的青年鸽公、母较容易区分，有条件的应将公母鸽分开饲养，防止早熟、早配、早产等现象发生。80日龄后，鸽进入稳定的生长期，此时是骨骼生长发育的主要阶段，应注意饲料中钙、磷含量及配合比例。

（2）活泼好动　青年鸽是鸽一生中生命力最旺盛的阶段，通常饲养方式为大群散养，力求让它们多晒太阳，多运动，夏天多洗浴，以增强其体质。青年鸽第二性征逐渐明显，爱飞好斗和争夺栖架，新陈代谢相对加强。

（3）性腺发育加快　3月龄以后的青年鸽，性腺发育加快，逐渐达到性成熟。

2. 青年鸽的饲养方式

（1）大群饲养　青年鸽适合大群地面平养或网上平养，以增加运动量。将小群饲养的童鸽转入大群饲养的青年鸽棚，一般每群250只左右，活动空间40米^{2}左右，饲养密度每平方米6～8只。地面和网上要设置栖架。舍外设置运动场，运动场要求向阳，并保持清洁干燥。采食、饮水均在运动场进行。地面平养鸽舍保暖性较好，适合北方寒冷地区采用。网上平养鸽舍通风、防潮性能较好，适合南方多雨、炎热地区采用。转群应选择晚间进行，白天转群容易产生打斗现象。转群前青年鸽棚应进行清洁和消毒。

（2）公、母分群　3月龄的青年鸽，第二特征有所表现，活动能力也越来越强，这时可选优去劣，公、母鸽分开饲养，并对鸽群进行驱虫，保证鸽正常生长发育。6月龄以前配对属于早配，早配、早产对种鸽以后生产性能的发挥非常不利，应尽早区分公、母鸽，分开饲养。

> 青年鸽主要通过性行为表现和耻骨特征进行公母鉴别。雄鸽耻骨厚硬，两耻骨间距窄；雌鸽耻骨薄软，两耻骨间距宽。

3. 青年鸽的饲喂

（1）限制饲喂　青年鸽生长发育减缓，如果自由采食，会出现采食过多而引起体膘过肥，将直接影响到肉鸽以后的繁殖性能，有的甚至由于脂肪浸润卵巢而不产蛋。要适当减少日粮中玉米、小麦、大麦等能量饲料的比例，增加豆类比例，同时控制每天的喂量。刚进入大群饲养青年鸽棚的 3～5 天内，肉鸽采食量可能有一定的下降，待恢复正常采食量后，应开始减小饲喂量，从 60 日龄开始，每只肉鸽每天饲喂量应控制在 35～40 克，每天分 2 次饲喂。往后每隔 5 天左右，饲喂量下降 5%，最后稳定在 30 克左右，直至 5 月龄，部分青年鸽开始产蛋时，恢复 35～40 克的正常喂量。限制饲喂不必担心肉鸽的膘情偏瘦，偏瘦的体膘往往后期产蛋繁殖性能更好。

特别注意 3～5 月龄的青年鸽饲料的供给量，不能为了追求鸽子的体重，不停地增加饲料的营养水平和食量，每天供料 2～3 次为宜，每次供给量也不能太多，约 30 分吃完。吃完料后将饲槽拿开或翻转，底部朝上，防止饲槽被粪便污染。保健砂的供给应充足，每天供给 1～2 次，每只每天用量 3～4 克，晚上不需补充饲料和增加光照。

（2）保障蛋白质水平 青年鸽仍然需要不断换羽，至 6 月龄时基本更换结束，并进入体成熟。由于青年鸽伴随着主翼羽毛的更换和机体各类器官的发育健全，因此，青年鸽在限制饲喂量的同时，要适当减少日粮中能量饲料的比例而增加蛋白质饲料，一般蛋白质饲料的占比应达到 25% 以上。保健砂饲喂量每天每只肉鸽 6～8 克定时供给，并适当增加保健砂中钙、磷的含量。

4. 青年鸽管理

（1）增加运动 青年鸽活泼好动，适合大群地面平养或网上平养，以增加运动量。在地面和网上要设置柄架，鸽飞上飞下加强运动，这对于增强体质、防止过肥很有好处。青年鸽阶段要有足够的运动场面积，运动场向阳，保持清洁干燥。

（2）做好选留 选留个体健壮、精神饱满、眼睛灵活、羽毛光亮、表现活泼的鸽；淘汰个体小、迟滞、眼无神、羽毛松乱、不爱活动的鸽。经选留的鸽要按公母进行分群饲养，以防止早配早产。145～155 日龄的鸽要加强观察，发现配对后及时抓出，分开饲养。

（3）驱虫和疫苗接种 童鸽转入青年鸽阶段，要做好驱虫和疫苗接种工作。3 月龄时，肌内注射鸽瘟灭活苗 0.5 毫升，上笼前再进行 1 次，用量 1 毫升。上笼前驱虫，用左旋咪唑或丙硫咪唑，每千克体重 0.1 克（1 片），2～4 周后再用 1 次，彻底消灭体内寄生虫。定期使用抗生素和多种维生素，预防天气变化剧烈时的应激反应及传染病的发生，做好清洁卫生，加强管理。

（4）鸽捕捉的方法　在大群中捕捉鸽需要有捕鸽罩（图39），网口直径35厘米左右，网深40厘米，杆长2～5米。用捕鸽罩可以轻松将地面、栖架及飞行的鸽捕捉到。捕到后，将网口扣向地面，用一手深入网罩，压住鸽背部，使其不能挣扎，然后用手掌同时将翅膀和鸽身夹紧，轻轻从网罩中取出。

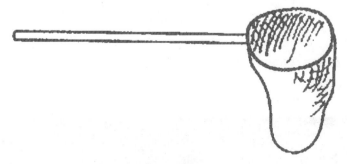

图39　捕鸽罩

　　如果没有捕鸽罩，捕捉时应将鸽赶到鸽舍一角，两手高举，张开手掌，从上往下迅速地轻轻将鸽子压住。压住后不要让鸽扑打翅膀，以免损伤翼羽和尾羽。然后再用上面的方法将鸽捉住。在笼中抓取鸽时，一手深入笼中，将鸽赶到笼子的一角，然后从鸽身体后上方迅速按压住背部，张开手掌抓住鸽的身体及翅膀，从笼中抓出。具体的捉鸽、持鸽方法可参照图40、图41。

图40　捉鸽的方法

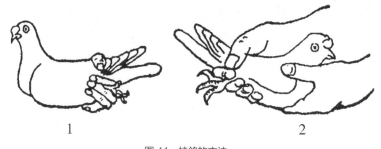

图41 持鸽的方法

1.单手持鸽法 2.双手持鸽法

四、成年鸽的饲养管理

1. 种鸽笼养

　　将配好对的种鸽单笼饲养是目前最常见的饲养方式，其优点总结如下。

　　(1)提高饲养密度，减少基建投资　肉鸽笼养，每平方米房舍可饲养种鸽3～4对，而群养每平方米只能饲养1～2对。

　　(2)易于饲养管理　种鸽笼养，单笼配对，观察记录方便，操作方便，大大节省清洁卫生的时间，增加了单位劳动力的饲养数量，每个饲养员可以负责1 000～1 500对亲鸽的饲养管理，比群养方式增加2～3倍，提高了工作效率。

　　(3)提高种鸽的生产力　种鸽笼养避免了配对种鸽之间的相互影响、相互干扰，可减少破蛋率，提高孵化率和年产乳鸽窝数。同时，由于亲鸽专心孵化和育雏，孵化率和乳鸽的肥度都有明显提高。

（4）有利于对亲鸽的细心观察和记录　单笼饲养的种鸽，饲养人员能够及时掌握亲鸽的生产情况，发现问题立即采取措施，而且便于做好选优去劣工作，可将生产力较差及病残鸽及时处理淘汰。

（5）减少传染病的发生与传播　笼养种鸽将每对鸽都隔开，互相接触的机会减少，且饲料、饮水的供给都在笼外，减少粪便和尘埃的污染，可有效地预防传染病的发生及传播。

2. 种鸽配对

（1）种鸽的配对年龄　肉鸽性成熟较早，3月龄左右就出现求偶行为，但这时身体还没有完全成熟，配对过早种蛋受精率低，畸形蛋比例高，还会影响到以后的繁殖。等到6月龄配对比较合适，这时身体发育较好。大群饲养青年鸽要避免早配，否则会影响到以后的繁殖。肉鸽的配对方法有自然配对和人工强制配对两种，在生产中人工强制配对较常用。

（2）自然配对　将发育成熟的公、母种鸽按照相同的比例放入同一场地散养，由公、母鸽自行决定配偶，然后将配对成功的一对种鸽放入同一繁殖笼中饲养，这种配对方法称为自然配对。自然配对的种鸽关系维持较好，能相处较长时间，甚至终身不变。自然配对工作的关键是做好配对场所的准备，在较短时间内完成配对任务。为了辨认配对成功的组合，在场地的四周要设置临时巢盆，晚上将在同一巢盆中公、母鸽抓住，放入同一种鸽笼中。自然配对容易出现近亲交配，长期近亲交配会出现近交衰退，应避免。

小知识

肉鸽自然配对需经历3个阶段

第一阶段：结识亲和。将计划配对的公、母鸽，抓住双方求偶心切的时期，在安静无外来干扰的环境下，在专设的配对笼或配对室里（室内要有鸽笼及草窝）让其双方相互认识接近。

第二阶段：暖窝配种。观察到配对公、母鸽双方亲和结识后，让其在预先准备好的鸽巢内暖窝配种，欢度蜜月，加深感情。

第三阶段：巩固配对。当完成上述两个程序后，还需用1周左右使其配对巩固。看到首次配种行为后，继续留在配种笼或配种室内1周，使其进一步亲和加深感情，直至互啄和驱笼行为消失为止。不要一看见配种后就迁入生产鸽笼或鸽舍内。

（3）人工强制配对（图42）　将发育成熟的公、母鸽鉴定性别后，按照一公一母直接放入同一繁殖笼中饲养，人为决定种鸽的配偶，因此称为人工强制配对。与自然配对相比较，人工强制配对不需要专门的配对场所，方法简单易行，被大多数养鸽场所采用。同时，人工强制配对也有利于育种工作的开展，完成合理选配。人工强制配对要求公、母鉴别准确度高，一般要由专业人员或有经验的饲养人员完成。这种配对方法一次成功率不是很高，配对后要注意观察配对情况，一旦发现打斗，要及时分开，重新配对，否则会出现严重后果。

图42　人工强制配对

不论是自然配对还是人工强制配对，配对后都要戴上有编号的足环，足环编号与巢箱的编号要一致，同时做好记录，以利查对。新配种鸽要注意观察配对情况，避免不良配对。如果是人为配对的种鸽，其相互建立感情仍然需要时间，一般2～3天即可。如果出现争斗行为，应及时隔离；隔离3～4天后配对仍不成功，则应重新配对，以免造成不必要的伤亡。有时由于公母鉴别错误，造成两母或两公配对。这种情况两只鸽子很难相处，不停打斗。有时一公一母配对也出现打斗，往往由于感情不和，也要拆开重配。

3. 做好上笼前的准备工作

（1）饲养笼具的准备　肉鸽普遍采用笼养，每个单笼放置1对种鸽，对每个单笼进行编号，方便观察记录工作的开展。另外准备好巢盆、垫料、采食和饮水器具。种鸽笼一般为三层（图43），两层中间放承粪板，也有四层鸽笼（图44），但最上面一层不便于照蛋操作。

图43　三层笼养

图44　四层笼养

（2）种鸽上笼前的鉴别与挑选　选择体形大、羽色具有本品种特征，羽毛有光泽，体质健壮，结构匀称，发育良好，无畸形（瞎眼、歪嘴、瘸腿等）的。6月龄性成熟，上笼配对时要求公鸽体重在750克以上，母鸽体重在600克以上。对准备上笼的公母鸽肛门周围进行剪毛（图45），是提高种蛋受精率的有效措施，剪毛工作在以后的生产中要经常进行。

图45 肛门羽毛修剪

(3)驱虫、接种疫苗 3月龄时肌内注射鸽瘟灭活苗0.5毫升,上笼前再注射1次,用量1毫升。上笼前驱虫,用左旋咪唑或丙硫咪唑,每千克体重0.1克(1片),1周后再用1次,彻底消灭体内寄生虫。

(4)做好记录 种鸽要做好各项记录工作,对种鸽笼要进行编号,制作种鸽卡片档案,做好各项生产记录。如产蛋记录、孵化记录、乳鸽生长记录、乳鸽处理记录等。种鸽生产记录卡片见表10。

表10 种鸽卡片

第_____棚_____间_____号笼　　　　　　　雄_____雄_____雄_____

编号:　　　体重:　　　羽色:

配对日期_____年_____月_____日　　　　　雌_____雌_____雌_____

项目 窝序	产蛋日期	产蛋量	无精蛋数	死精蛋数	死胚蛋数	出雏数	留种数	出售数	残次数	死亡数	各日龄体重(克)				羽色特征	备注
											7	14	21	28		
1																
2																
3																

4. 配对后的管理

(1)定巢与亲巢 种鸽要有舒适称心的巢窝才能产蛋和进入孵蛋,不然即便产了蛋,也会弃之而不孵,失去繁殖能力。为此,要先为种鸽建造一个独立的生活环境（单笼饲养），在巢架上放置巢盆，铺上干净垫料。随后把配对后的种鸽放入笼内，进行定巢与亲巢。所谓定巢就是使种鸽认可和熟悉为其安排的巢窝。一般入笼后3～5天种鸽便对人为准备的巢盆产生感情，出现恋巢表现，亲鸽双双进出于人为安排的巢窝，见此现象表示定巢过程已完成。再过3～5天后亲鸽相互形影不离，伏在巢里并发出"喔喔"的叫声，这是对巢窝称心如意的表现，此乃亲巢过程。

（2）做好配对后的观察记录工作　新配种鸽要注意观察配对情况，避免不良配对。肉鸽上笼配对后7～10天，饲养人员要观察和记录，为照检做准备。用一根短竹竿从笼外伸入，轻轻将巢盆中的鸽子挑起，即可看清产蛋、出雏情况（图46）。

图46　种鸽查窝

配对后很友好，2～3天后公母鸽相互熟悉、互相梳理羽毛、交喙接吻，交配后7～10天产蛋。如果公母不和，配对后即出现打斗行为，应尽早隔离。

如果公母鉴别错误，将两只公鸽配在一起，大多数情况会发生激烈的打斗行为，容易被发现。但是，有时两只公鸽也能和平共处，观察发现配对后长时间不产蛋一般属于这种情况，要重新进行公、母鉴别与配对。另外一种情况是，公鸽鉴别错误，将两只母鸽配对放入同一笼中，一般情况下两只母鸽很少打斗。

（3）配对后巢盆、垫料管理　种鸽上笼配对后，要尽快将巢盆、垫料准备好，为产蛋、孵化做好准备，避免将蛋产在没有垫料的巢盆中弄破，或者直接将蛋产于笼底。种鸽配对上笼前，要将巢盆清洗干净，氢氧化钠溶液浸泡消毒处理，清水冲掉氢氧化钠溶液，放在笼内巢盆架上。巢盆中要铺好垫料，垫料要求柔软、干燥、无污染。生产中常用的垫料有麻袋片、薄海绵、地毯、垫布等，这些材料不容易掉出来，容易清洗，消毒后可以重复利用。

当笼中乳鸽长到 10 天左右时，饲养人员要准备另外一个巢盆，将原有巢盆放置在笼底一角供乳鸽休息（或铺设塑料网，将乳鸽放置其上），新巢盆放置在巢盆架上，为下一窝蛋做好准备，否则容易将蛋产在笼底而踩破。一般高产种鸽在乳鸽出壳后 1 周就能产下一窝，低产的种鸽要到乳鸽长到 20 多天后才产下一窝蛋。饲养人员一定要及时查窝，做好产蛋记录，淘汰产蛋间隔长（两窝蛋超过 50 天）的低产鸽。

（4）肉鸽的产蛋观察与记录　肉鸽上笼配对后 7～10 天会产蛋，饲养人员要细心观察产蛋日期，记录产蛋情况，及时发现异常情况。做好产蛋记录也是为鸽蛋的照检做准备。鸽一窝只产蛋 2 枚，第二枚蛋间隔 26 小时产出，平均蛋重 23 克，蛋壳纯白色。初产母鸽有时只产 1 枚蛋，也属于正常情况，第二窝蛋就正常了，但是绝不会一窝产下 3 枚以上。记录种鸽产蛋情况时，用一根短竹竿从笼外伸入，轻轻将巢盆中的鸽子挑起，即可看清产蛋情况。初产种鸽的蛋重较小，孵化率、受精率也较低，随着种鸽逐渐发育成熟，种蛋重量也达到正常。产蛋后及时检查有无畸形蛋和破蛋，发现问题及时处理。初产鸽要经常观察蛋巢是否固定，新配偶要观察是否和睦。体形大的鸽要特别小心加以护理，防止压碎鸽蛋，更要防止由于营养不全或有恶食癖的鸽啄食种蛋。2～3年龄杂交王鸽蛋重、蛋数与孵化率的关系见表 11。

表 11　蛋重、蛋数与孵化率的关系

蛋重（克）	蛋数（枚）	孵化率（%）
17～19.5	5	80.0
19.6～21.5	13	84.6
21.6～23.5	42	83.4
23.6～25.5	40	84.6
25.6～27.5	19	84.2
27.6 以上	8	75.0

5. 肉鸽繁殖期对环境条件的要求

光　照

　　光照时间的长短和强度可直接影响肉鸽的性成熟和生产性能，如长时间的光照肉鸽可早熟，反之则会延迟肉鸽的开产日龄。足够的光照时间可刺激肉鸽视觉细胞，从而引起一系列的性激素分泌活动，促使卵泡的发育和排卵。一般对产蛋母鸽光照时间要求达 10 ～ 17 小时，过长、过短都会对产蛋有影响。

温　度

　　鸽的正常体温为 40.5 ～ 42.5℃，由于鸽子没有汗腺，要通过皮肤和呼吸蒸发散热，因此，需要一个相对较低的舍温环境。温度对肉鸽的影响主要有 3 个方面：①对采食量的影响。气温升高时，采食量降低，应减少能量的摄入量，适当增加蛋白质饲料；气温低时，肉鸽需要能量多，采食量也增加，所以要对肉鸽在不同温度条件下对采食量进行调整。②饲料效能随着环境温度的升高和采食量的减少而提高。③温度会影响产蛋率、蛋重及蛋壳质量等。一般种鸽最佳温度为 21℃，肉鸽适宜温度是 18 ～ 24℃，较好经济效益温度上限是 27℃。所以，一年四季应尽量把肉鸽舍温度保持在 18 ～ 27℃。舍内温度过高主要依靠通风来解决，冬季通风会降低舍温，但仍要进行短时间通风，以排除水汽及污浊气体，保持舍内湿度适宜和空气新鲜。

相对湿度

　　相对湿度是空气中水汽含量与该温度下饱和水汽含量之比。适宜的温度时舍内相对湿度应是 55% ～ 60%，如果湿度过大，会使肉鸽的羽毛污秽，特别是高温时，肉鸽的蒸发散热受阻，体内积热，产生热射病。低温时空气中水汽热容量及导热性增大，肉鸽失热过多，易受凉甚至冻伤。相对湿度过低，如低于 17%，会使雏肉鸽羽毛生长不良，成肉鸽羽毛蓬乱，皮肤干燥，还会引起舍内灰尘数量增多，导致系统疾病。

通　风

良好的通风对鸽舍的降温起着重要作用，同时对降低相对湿度也十分有效。鸽舍、鸽笼应具有良好的通风条件，特别是炎热和潮湿的季节更是如此。若舍内通风不良，缺乏新鲜空气，会导致有害气体浓度升高，易使幼鸽体质衰弱和患病，胚胎发育不良。当用木板或竹片钉鸽笼时，板条要尽量窄一些(1.0～1.5厘米)，若太宽，不利于通风和采光。另一方面，寒冷季节，特别是北方要做好鸽舍的防寒工作。最主要的是不要使寒风直接吹到鸽身上。

6. 肉种鸽日常管理

人鸽亲近

鸽性胆小易惊，故惊扰是养鸽大忌。因此要培养人鸽感情。除了经常亲近鸽的饲养人员外，他人不能随意接触鸽和进入鸽舍。人进去时，态度要温和，要遵守接近程序，打扫鸽舍时动作要轻稳，严禁粗暴；当鸽群出现惊恐时，要及时消除引起惊恐的音响、异物、异色等，回避陌生人。

定时、定量饲喂

1～2月龄幼鸽饲喂3～4次/天，3～6月龄饲喂2次/天，种鸽饲喂2～3次/天，哺乳期产鸽适当补饲。

保证充足饮水

水对肉鸽来说既是最重要的，但又是最容易被忽视的营养素。肉鸽养殖要全天供水。水温是随舍温变化的，舍温很低时应增加水温，而气温高时应降低饮水温度，这样才会使肉鸽按需要饮水，保证肉鸽的需水量。气温低时，饮用温水可改进饲料效能。气温高时，水能帮助肉鸽降温。饮用水的最佳温度为10～25℃。

投放保健砂

为促进营养物质的消化吸收，在补充多种维生素及微量元素的同时，必须供给新鲜、干燥的保健砂。保健砂最好现配现用，盛放保健砂应使用陶瓷或塑料制品，以免保健砂中的营养元素被破坏。

搞好卫生

鸽舍要保持安静和干燥、清洁，如阴暗潮湿、周围环境太嘈杂会严重影响鸽子的生产，同时易发生各种疾病。鸽舍必须做到清洁卫生，环境安静，防止疫病，杜绝兽害。笼舍内无积粪，无污水、污物，无臭味，无蚊蝇等。笼舍每天清扫一次，每隔半个月用3％来苏儿溶液喷雾消毒一次。工作人员进入鸽舍要穿工作服和鞋。鸽笼必须是网眼笼底，使粪便能及时漏入接粪盘，保持鸽笼卫生。喂鸽的水槽、食槽、保健砂杯必须安放在笼养鸽笼的外面，与粪便隔绝，防止体内寄生虫感染。群养鸽的共用食槽和水槽必须有保护装置，防止鸽粪进入槽内。定期给肉鸽洗浴，保持鸽羽毛清洁，防止体外寄生虫入侵。

7. 孵化阶段管理

创造适宜的孵化环境

饲养人员首先要做好巢盆及巢盆中垫料的管理，创造安静的孵化环境。种鸽舍光线不要太强，否则会影响种鸽的自然孵化，在窗户边的鸽笼由于光线过强，孵化率有所下降。窗户太大的鸽舍，最好加装窗帘，在中午前后做遮光处理。

自然孵化管理

鸽子在产下第二枚蛋后才开始孵化，但也有一些刚配对的鸽产第一枚蛋后便开始孵化。以后多次产蛋，就没有这一现象了。孵化管理应注意下列几点：第一，孵化时，鸽子精神非常集中，对外界的警戒心特别高，所以一般不要去摸蛋或偷看孵化，不让外人进鸽舍参观；此外，还要避免汽车喇叭声及机械声等干扰，尽量保持鸽舍环境安静，让鸽安心孵蛋。第二，遇有鸽在孵蛋期间离开蛋巢到外面活动情形时，不用担心，更不必去惊动它，因为鸽知道如何调节孵化温度。第三，要提高饲料的营养水平，粗蛋白质含量应在18%～20%，这样才能使鸽获得足够的营养，为乳鸽出生后供应鸽乳做好准备。

照　蛋

　　在孵化过程中，根据产蛋记录，孵化4～5天进行一次照检，将无精蛋和死精蛋剔除。照蛋在晚上进行，容易观察，鸽子也比较安静。照蛋需两人操作，一人取蛋、放蛋，一人照蛋。照蛋工具为手电筒。取蛋、放蛋时要求手心向下，伸入鸽子腹下，以免踩破种蛋。照蛋人员要转动鸽蛋，发现胚胎及血管。正常发育的胚蛋，照蛋时发现在蛋的一侧有均匀的血管分布，呈蜘蛛网状；如果蛋透明没有血管，属于无精蛋；如果血管短小而扁平，呈一条血线或血环，则属于死精蛋（图47）。

　　也可以孵化10天进行第二次照蛋。若蛋内一端乌黑，固定不动，另一端气室空白增大，则胚胎发育正常；若蛋内容物如水状流动，壳呈灰色，则为死胚蛋。无精蛋、死精蛋、死胚蛋都应及时捡出。

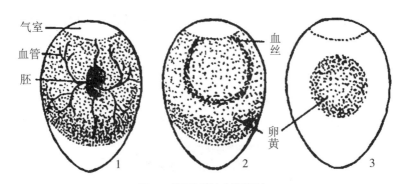

图47　鸽蛋的照检（第五天）

1.正常发育胚蛋　2.死精蛋　3.无精蛋

专题六
商品乳鸽与鸽蛋生产关键技术

专题提示

1. 乳鸽的生理特点与生长规律。
2. 乳鸽的屠宰性能。
3. 自然哺喂乳鸽生产。
4. 乳鸽人工哺喂技术。
5. 商品鸽蛋生产关键技术。

一、乳鸽的生理特点与生长规律

1. 早期生长速度快

经过 17～18 天的孵化，雏鸽即破壳而出，刚孵出的雏鸽身体很小，喙部相对于其躯体显得很大，这是乳鸽吸引亲鸽哺喂的需要。刚出壳的乳鸽绒毛黄色细软、稀疏，保暖性很差，躯体软弱，不能行走，不会啄食，眼睛未睁开（一般在 3～4 日龄时睁开），卧在亲鸽腹下。需要亲鸽继续暖窝至 13 天左右。乳鸽生长速度很快，刚出壳时重量只有 18 克左右，2 天后体重就能增加 1 倍，经亲鸽哺育 28 天，体重可达到 500 克以上。

2. 乳鸽增重规律

甘肃农业大学李婉平等对乳鸽各周龄体重及绝对增重进行了研究。发现乳鸽的快速生长期在 1～2 周龄，3 周龄增重减慢。这一方面是乳鸽本身的生长发育规律，此外也与亲鸽的哺喂料量难以满足乳鸽迅速生长有关。乳鸽在 2 周龄后进行人工哺喂效果更佳。乳鸽各周龄平均体重及绝对增重见表 12。

表 12　乳鸽各周龄平均体重及周增重（克）

周龄	1	2	3	4
平均体重	160.37	351.68	476.02	528.49
周增重	142.84	191.31	123.34	52.47

二、乳鸽的屠宰性能

1. 活重

活重是指乳鸽上市空腹体重，乳鸽上市日龄一般在 25～28 天，活重要求达到 500 克以上。人工哺喂可以提高乳鸽上市活重。

2. 屠体重

乳鸽放血、浸烫拔羽、去除喙壳脚皮后的重量就是屠体重，湿拔毛必须沥干水分后测定屠体重。屠宰率计算公式为：

$$屠宰率（\%）=\frac{屠体重}{活重}\times100\%$$

乳鸽屠宰率一般在 85%～88%。

3. 半净膛重

羽毛、喙壳、脚皮去除干净后的乳鸽胴体需要开腹去内脏，半净膛销售。先挤压肛门，使直肠中粪便排出，在肛门下横切（剪）一刀，长度 2 厘米，伸进手指、钩住肌胃将消化系统内脏拉出，称取半净膛重。半净膛重需要保留腺胃、肌胃、心、肝以及腹脂。半净膛率计算公式为：

$$半净膛率（\%）=\frac{半净膛重}{活重}\times100\%$$

正常乳鸽的半净膛率应达到 77%～80%。

4. 全净膛重

全净膛重是指半净膛重减去腺胃、肌胃、心、肝以及腹脂的重量。全净膛率计算公式为：

$$全净膛率（\%）=\frac{全净膛重}{活重}\times100\%$$

正常乳鸽的全净膛率应达到 61%～65%。

江苏省江阴市威特凯鸽业有限公司测定的欧洲肉鸽屠宰性能指标见表13。

表13 欧洲肉鸽屠宰性能测定指标（4周龄乳鸽）

| 屠宰指标 | 屠宰性能（克） | | | | | |
| | Ⅰ系 | | Ⅱ系 | | Ⅲ系 | |
	公	母	公	母	公	母
活体重	601.54	575.27	622.32	596.88	639.09	612.75
屠体重	505.91	481.56	522.78	500.92	535.74	514.29
半净膛重	464.39	441.74	481.52	463.41	494.76	473.83
全净膛重	369.25	351.14	392.37	370.13	394.67	378.25
胸肌重	103.24	99.31	112.47	103.26	110.27	106.89
腿肌重	30.13	28.71	32.26	30.26	32.51	31.04
肌胃重	12.52	11.92	13.01	12.89	13.59	12.71
腹脂重	6.43	5.82	6.55	5.93	6.77	5.98
翅重	68.97	65.05	71.94	68.72	73.62	69.88
屠宰率	84.10%	83.71%	84.01%	83.92%	83.83%	83.93%
半净膛率	77.20%	76.79%	77.38%	77.64%	77.42%	77.33%
全净膛率	61.38%	61.04%	63.05%	62.01%	61.76%	61.73%
胸肌率	27.96%	28.28%	28.66%	27.90%	27.94%	28.26%
腿肌率	8.16%	8.18%	8.22%	8.18%	8.24%	8.21%

三、自然哺喂乳鸽生产

1. 自然哺育规律

鸽属于晚成雏，一般需要亲鸽哺喂才能成活（或后期人工哺喂）。孵出后的前 3 天，哺喂的完全是父母亲鸽嗉囊分泌的鸽乳。乳鸽 4 日龄以后，亲鸽哺喂的食物中逐渐加入饲料，7 日龄以后鸽乳停止分泌，完全依靠亲鸽吃进去的饲料来哺喂。因此，7 日龄后，可以进行人工哺喂，缩短繁殖周期。为了便于管理，生产中多在 15 日龄后开展人工哺喂，乳鸽成活率高。亲鸽自然哺喂过程为：亲鸽靠近幼鸽，由于幼雏挤压亲鸽胸部，引起亲鸽哺喂反应，乳鸽将喙从亲鸽喙角伸入亲鸽喙中，亲鸽伸颈低头，从嗉囊中吐出食物，食物进入幼鸽喙中。自然哺育一定要做好巢盆、垫料的清洁卫生工作，创造舒适的生长环境。亲鸽产下一窝蛋后，将乳鸽抓到笼底，放置在巢盆中或饲料网上。

生产提示

　　自然哺育要注意转折期。雏鸽出壳后，12～13 日龄后，食量逐渐增加，容易引起消化不良、嗉囊积食等疾病。在这期间，应给亲鸽喂一些易消化的小颗粒饲料，喂给亲鸽或乳鸽酵母片，每次 1 片，每天 1 次，连喂 3 天。

　　2. 巢盆管理

　　为了提高乳鸽的成活率和生长速度，需要做好巢盆、垫料的清洁卫生工作，创造舒适的生长环境。保持巢盆、垫料的清洁卫生。也可以在笼底一角铺设塑料网（或巢盆），将 15 天以后的乳鸽置于其上，减少铁丝笼网底对乳鸽的摩擦，避免出现胸部囊肿。

3. 加强种鸽饲喂

乳鸽的正常生长发育需要从饲料中获取营养，而乳鸽的饲料基本由亲鸽来哺喂，所以为了提高乳鸽的生长速度，必须对亲鸽加强饲喂，每天摄入足够的饲料来满足自身与乳鸽生长的需要。亲鸽在哺喂幼鸽阶段，随着乳鸽的长大，采食量增加很多。非带仔生产鸽每天每对采食量为 75 ～ 90 克，带 0 ～ 7 日龄乳鸽的生产鸽每天每对采食量为 95 ～ 110 克，带 8 ～ 14 日龄乳鸽的生产鸽每天每对采食量为 135 ～ 150 克，带 15 日龄至上市乳鸽的生产鸽每天每对采食量为 145 ～ 160 克。生产中要对带仔亲鸽增加饲喂次数，延长饲喂时间，增加豆类比例。哺喂期种鸽每天要饲喂 3 ～ 4 次，每次 30 分，饲养人员在加料时，观察巢盆或底网上乳鸽的大小，判断采食量的多少，对每个鸽笼采取不同料量的控制。

要对哺喂期种鸽调整饲料配方，喂给亲鸽营养丰富而全面的日粮，饲料代谢能 12.14 兆焦 / 千克左右，粗蛋白质含量为 15% ～ 16%，这就要求蛋白质饲料达到 30% ～ 40%，能量饲料占 60% ～ 70%，满足产蛋与乳鸽生长需要。而保健砂应在平常成分的基础上增加蚝壳片、微量元素、酵母片的供应。

4. 提高两只乳鸽生长均匀度的措施

对换位置

亲鸽总是最先哺喂巢盆中固定位置的乳鸽，长期会造成一大一小。两只乳鸽对换位置，有利于均匀受食。具体做法是在 6 ～ 7 日龄乳鸽会站立之前，每隔 2 ～ 3 天对同一窝的两只乳鸽调换一次位置，以便得到种鸽的平衡照顾。

隔离体重大的一只

体重大的乳鸽在受食争抢中处于强势地位，会越长越大。到了哺喂时间，可以先把体重大的乳鸽从巢盆中取出，让亲鸽先哺喂体重小的一只，然后再将另外一只放回。这样 3 ～ 5 次以后，两只乳鸽体重就会接近。

增加喂料次数

将早、晚两次的喂食细分为4次。具体就是早上第一次投喂时，投喂量以鸽子能在20分内吃完为宜，然后间隔1小时后再投喂第二遍，量同上。晚上也和早上一样操作。这样喂大的幼鸽基本都可保证个头相当，而且种鸽还不挑食，保证了营养的全面摄入。这种做法的理论依据就是：亲鸽的哺喂是条件反射式的。在投喂第一次时，很可能大的那只幼鸽吃饱了，小的却没有，1小时后再次投喂时，亲鸽在条件反射影响下继续吃食，然后再次哺喂幼鸽，此时偏大的幼鸽由于已吃饱，索食欲望减弱，小的那只仍然强烈，所以正好被喂饱，这样就保证了两只幼鸽吃进同量的食物，从而长势均等。

调并乳鸽

1窝仅孵1只乳鸽或1对乳鸽因中途死亡仅剩1只的，都可以合并到日龄相同或相近的其他单雏或双雏窝里。这样做，可以避免因仅剩下1只乳鸽往往被亲鸽喂得过饱而引起嗉囊积食的现象。刚并窝时要注意观察亲鸽有没有拒喂和啄打新并入的乳鸽的现象。

5. 及时离巢

作为商品乳鸽，根据市场需要，尽量提前离巢。这样，亲鸽才能集中精力搞好下一窝生产。一般商品乳鸽25天左右离巢较为合适，这时乳鸽羽翼丰满，体重适宜，屠体美观，肉质最佳。在南方市场，有需要20～23天的乳鸽，乳鸽离巢可以适当提前。但从乳鸽的生长规律来看，21～27天这一阶段长势较为旺盛，也是乳鸽增重较快的阶段。需要人工哺喂时，15天抓出人工哺喂较为合适，成活率高，便于管理。留种乳鸽可以适当推迟离巢时间，但最晚不能超过30日龄。

6. 防止乳鸽消化不良

乳鸽生长到7天以后，从亲鸽嗉囊中获取的基本上全部是饲料，而且采食量大大增加，很容易引起乳鸽消化不良。发现消化不良现象时，应喂给亲鸽或乳鸽一些帮助消化的药物，如酵母片、维生素 B_1 片等。

小知识

乳鸽并窝

亲鸽在哺喂乳鸽过程中，有时会死掉 1 只，这时可以将剩下的 1 只并入其他出壳日期相近的窝中，并窝后一般 1 对亲鸽可以带 3 只乳鸽，没有乳鸽的亲鸽可以集中精力搞好下一窝生产，缩短产蛋间隔与繁殖周期，从而提高了种鸽群年产乳鸽的数量。生产中，也有的场家将 2 只刚出壳的乳鸽并到其他窝中，或者人工孵化后，每窝 3 ~ 4 只置换出仿真蛋。

研究发现并窝饲养时每窝 3 只的乳鸽体重增长与非并窝仔鸽相似，而且在乳鸽生长速度相近的情况下，并窝组乳鸽平均耗料量较少，肉料比与非并窝组比较，差异极显著，说明一对亲鸽同时喂养 3 只乳鸽与喂养 2 只乳鸽相比，有明显降低饲料的消耗量、提高饲料报酬的作用（佛山科技学院胡文娥等，2006）。

研究发现，亲鸽哺育 4 只乳鸽比哺育 3 只乳鸽需要消耗更多的体力，但在之后两者体重的增长近似，说明经过一定的调整，亲鸽适应了哺育 4 只乳鸽且哺育性能提高。试验中育雏 3 只和 4 只，雏鸽的每周平均体重差异不显著，说明每窝 3 只与 4 只雏鸽的生长无太大变化（扬州大学动物科技学院王莹等，2013）。对于母性良好的亲鸽，在生产中可以采取育雏 4 只的方法。

乳鸽并窝要看亲鸽的育雏能力，并且不能长期让一对亲鸽连续并窝，否则会增加保姆鸽的负担，缩短种鸽利用年限。有些肉鸽养殖场，将 4 只乳鸽并到一窝中，这样会引起种鸽过度疲劳，缩短种鸽利用年限，得不偿失。并蛋、并窝在极端天气时会造成大量的种蛋、乳鸽受损。在 2008 年 2 月的寒冻灾害中，南方采用并窝的鸽场受损率远高于不并窝的鸽场。

四、乳鸽人工哺喂技术

在肉鸽养殖过程中，养殖户总是希望每对亲鸽年产乳鸽数越多越好，而且要求乳鸽获得较快的增重，及早达到收购标准（500 克以上）。但是，养殖户都会认识到，单靠传统自然哺喂生产工艺与方法，即使管理水平很高，也难以达到此目的。

人工哺喂是指当乳鸽生长到一定日龄后（7 ~ 15 日龄），将其从种鸽巢盆中抓出，放置于专门的人工哺喂车间，用人工的方法将哺喂用的饲料灌喂到乳鸽嗉囊，以达到乳鸽快速育肥的目的。乳鸽人工哺喂技术的出现与应用，在很大程度上解决了乳鸽生长缓慢、种鸽产仔数少的问题，大大提高了养鸽的经济效益。特别是人工哺喂与鸽蛋人工孵化技术的结合应用，使肉鸽养殖进入了一个全新的时代。

1. 乳鸽人工哺喂的优点

(1)缩短了肉鸽的繁殖周期　人工哺喂使乳鸽提前脱离亲鸽的哺喂，让种鸽尽快地恢复产蛋、孵化能力，提前进入下一产蛋周期，缩短了繁殖周期。乳鸽7～15日龄时，从巢盆中抓出，进行人工哺喂，种鸽可以集中精力产下一窝种蛋。这样全年可以多产乳鸽2～3对。

(2)提高了乳鸽的成活率和合格率　自然哺喂情况下，一般在乳鸽20日龄后，亲鸽即将进入下一产蛋周期，而无力照顾乳鸽，有的乳鸽因得不到足够的饲料而发育迟缓，更有甚者还会被行为反常的亲鸽啄伤啄死。乳鸽人工哺喂可以避免乳鸽后期被亲鸽啄伤、啄死情况的发生，提高了乳鸽的成活率。

(3)提高了乳鸽上市体重　乳鸽后期采用人工喂养，由于饲料是粉碎的，容易消化吸收，并适当地提高饲料的粗蛋白质、能量水平，加上人为的定时、定量饲喂，每次都能吃饱，因此生长速度较快，上市体重大。乳鸽的个体重量较自然哺喂能提高10%以上，一般28日龄体重可达到600克以上，提高了乳鸽的等级与销售价格。

(4)屠体比较美观　乳鸽后期(15日龄后)采用人工哺喂，比自然哺喂上市体重提高10%左右，而且改善了乳鸽肉质与含脂率，乳鸽肌肉丰满，皮下脂肪有一定沉积量，肤色好，屠体美观，适合传统烤制食用。

(5)可以利用各种饲料资源　自然哺喂乳鸽只吃亲鸽吐出的原粮，人工哺喂可以利用如豆粕、菜籽粕等蛋白质饲料资源，降低了饲料成本。而且可以将微量元素、维生素等添加剂一块加入，不需要单独再喂给保健砂，省工省时。综合计算，人工哺喂饲料成本比自然哺喂能降低20%～30%。

2. 乳鸽开始人工哺喂日龄的选择

乳鸽开始人工哺喂日龄的选择非常关键，太早乳鸽的消化机能差，容易引起消化不良，成活率和生长速度都会受到影响。但乳鸽人工哺喂太晚的话，就达不到缩短繁殖间隔、提高繁殖率的效果。甘肃农业大学养禽教研室的科研人员对比发现，15日龄的乳鸽开始进行人工哺喂比较适宜，乳鸽的增重最佳，而且成活率最高。15日龄开始人工哺喂，操作较为简单，只需将日常使用的种鸽饲料粉碎即可以使用，也可以利用其他肉用家禽（肉鸡、肉鸭）常用的配合饲料，因为饲料已经粉碎，营养全面，就不要再加保健砂了。

生产中，有的养殖场家在10日龄开始进行人工哺喂，若哺喂技能较好，营养搭配合理的话，也可提前到7日龄进行。7日龄以前人工哺喂成功率较低，但随着人工鸽乳的成功研制，1日龄就开始人工哺喂也是可以的，只是对技术要求高。

3. 哺喂用具

人工育肥的器具目前较多使用移动式吊桶灌喂器和软瓶灌喂器，这两种器具都有操作简便、便于移动的优点，育肥效率较高。

（1）软瓶哺喂　用软塑料奶瓶，或者饮料瓶改造。将粉状配合饲料加等量温开水，调成糊状，然后装入瓶中，瓶口接橡胶软管，便于喂料。哺喂人员坐在木凳上，将乳鸽放在大腿上，左手固定并用食指和拇指将喙打开；右手将软管塞入乳鸽口腔食管中，然后用力挤压软瓶，将饲料挤入乳鸽嗉囊中（图48）。这种哺喂方法适合规模较小饲养场应用，操作简单实用。

图48　软瓶哺喂

（2）吊桶灌喂器　属于专门的哺喂器械，一人操作，每小时可哺喂300～500只乳鸽，适合规模化生产。乳鸽养在哺喂床（育肥床）上，舍内温度提高到30℃左右。采用脚踏式喂鸽机（图49）或手枪式电动气控喂鸽机完成。左手握住乳鸽，右手掰开鸽嘴，对准灌喂器的出料口，右脚踩动开关，饲料及水一起灌入乳鸽嗉囊。

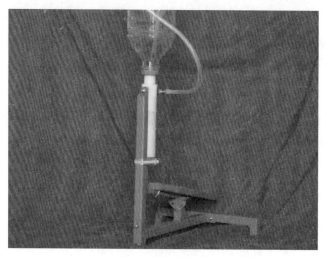

图49　脚踏式喂鸽机

（3）哺喂床（图50）一般可制作成长200厘米、宽100厘米、四边高50厘米，笼脚高70厘米，网眼1厘米×1厘米的长方形镀锌网眼平面鸽笼，笼的中间用铁丝网隔开，便于捉拿和辨认，也可避免雏鸽相互践踏，还可在笼具上配备保温伞。喂鸽器、保温箱、雏鸽笼的容量和只数，应根据生产规模来确定。

图50　乳鸽哺喂床

4. 人工哺喂方法

用左手小指与无名指夹住乳鸽脖子，拇指与食指夹住乳鸽的上喙，轻轻提起，中指拨动下喙将鸽嘴扳开，右手将料管插入乳鸽嗉囊内4厘米左右（注意压住乳鸽的舌头，防止舌头插入出料管）。踩动哺喂器踏板，将饲料注入鸽嗉囊内（插入深度要注意，太深了可能会伤及嗉囊，太浅了饲料不易进入嗉囊内）。

5. 哺喂饲料准备

（1）饲料配方　采用高能量、高蛋白质水平配方。广东省家禽研究所配方：玉米 40%，小麦 20%，麸皮 10%，豌豆 20%，奶粉 5%，酵母粉 5%，另加入适量蛋氨酸、赖氨酸、维生素、微量元素、食盐等。也可以用 90% 优质雏鸽饲料，5% 进口鱼粉，4% 熟食用油，1% 微量元素及维生素添加剂。采用全价粉状饲料，粗蛋白质水平 22%，代谢能水平 12.56 兆焦 / 千克。乳鸽饲料的配制配方较多，在使用新配方时，必须经过试喂，证明适合本场乳鸽后方可全面饲喂。

（2）粉碎与调制　原粮饲料在条件允许的情况下尽量粉碎细点（可更换粉碎机的筛网），细粉料配置成浆料后不易沉淀，方便使用，且易被乳鸽消化吸收。尽量选择加力出料方式灌喂工具，这样可以减少浆料中的水含量，并可以降低工作强度提高工作效率。在实际使用中干粉料与水的比例，以 1 : 2.2 为宜。混合饲料的水温可以根据天气情况来确定，混合后的浆料温度在 38℃ 左右比较合理，以接近乳鸽体温为好。尽量避免混合后的浆料长时间放置，那样会增加浆料的浓度，而使饲喂工具出料力度增加，甚至影响工具的正常使用。研究发现，如果在原粮饲料里添加 25% 左右的粉碎小麦，可以有效地防止浆料的沉淀。

6. 哺喂量

人工哺喂每天早、晚各 1 次，13 日龄以上乳鸽，平均每天每只喂 50 ～ 60 克（干粉料重量）。喂量也可以参照自然繁殖的同日龄乳鸽嗉囊鼓起程度来确定，喂料太多可能影响消化。如果发现有个别消化不好，可以少喂料，多喂水，并轻轻将嗉囊内的料团揉碎。人工饲喂的料中水分含量比较多，一般不会有缺水的情况发生。所以一天喂 2 次料后，就不需要再单独喂水。人工哺喂乳鸽粪便里水分较多，但要和腹泻区分。乳鸽进行人工喂养后，需与种鸽隔离，在单独的哺喂房舍进行，要提高舍内温度，避免乳鸽受凉影响正常消化。

7. 人工哺喂注意事项

掌握哺喂技术

哺喂是难度较高的一项技术，哺喂工作要专人负责。操作人员必须进行培训，先进行小批量实验，掌握补喂料的调制与哺喂方法。然后在总结经验的基础上在鸽场全面铺开。乳鸽全程人工哺育成功率较低，最好是种鸽哺育2周后再进行人工哺育。

环境控制

需设立专门的人工哺喂室，为乳鸽健康成长提供合理的环境条件。哺喂室温度要保持基本稳定，环境温度维持在25～28℃，温度过高，乳鸽会发生喘息，影响消化吸收。环境温度过低，乳鸽皮肤发绀，颤抖，甚至出现冻死现象。哺喂室要保持清洁干燥和通风，减少呼吸道疾病的发生。环境还要保持安静，饲养密度合理，噪声和拥挤会使雏鸽相互挤压，造成伤残。蚊子是传播鸽痘的主要媒介，夏秋季节要防蚊虫叮咬，必要时可以在晚间点上蚊香。

哺喂要点

灌喂时，管道要深入乳鸽食管中，不要把乳鸽饲料洒出来，以防弄湿鸽体、浪费饲料，而且会引起乳鸽受凉感冒。插管时要小心，避免插入气管，以免损伤食管和嗉囊。哺喂量要根据乳鸽的日龄大小灵活掌握，每次哺喂多少应有所区别，不要平均分配，一般是早、晚量多，中午量少。

不同用途分别对待

以生产商品乳鸽为目的，可在15日龄后开始人工哺喂，强制育肥，以期达到较高的上市标准（600克以上）。以生产后备种鸽为目的，一般不进行人工哺喂，要求乳鸽25日龄开始进行诱饲（在笼中学习种鸽采食），使其到28～30日龄出窝时学会自由采食。

慎用药物添加剂

因为乳鸽生长迅速，对药物的吸收能力很强，所以对市场上的非乳鸽专用成品饲料和各种药物添加剂要充分了解其成分，以防乳鸽中毒死亡或造成药物残留。在乳鸽人工哺喂饲料中适当添加营养性添加剂，如多种维生素制剂、微量元素添加剂、氨基酸添加剂（赖氨酸、蛋氨酸）等，可以促进乳鸽生长发育，提高抵抗力，提高饲料转化率。

严格消毒

乳鸽饲料在人工哺喂过程中因器具、空气、人等接触，增加了饲料的污染风险，容易造成病从口入。搞好哺喂时的环境和乳鸽饲料的卫生和消毒工作，是保证人工哺喂成功的重要一环，每个哺育人员必须高度重视，减少操作环节的污染。

五、商品鸽蛋生产关键技术

鸽蛋蛋壳洁白如玉，口感细腻柔软，营养丰富而产量有限，随着肉鸽产业的不断发展，专门化的鸽蛋生产产业应运而生，既丰富了人们的饮食需要，又增加了肉鸽养殖收入。而且鸽蛋生产对于调节乳鸽上市数量、规避乳鸽市场风险具有重要作用。目前国内鸽蛋的消费市场主要集中在东南沿海经济发达省份和城市，特别是浙江省温州市的需求量最大，拉动了当地及周边的蛋鸽生产。商品鸽蛋的生产要注意以下几个方面：

1. 选留高产种鸽和培育高产品系

鸽蛋生产过程中，要对每对种鸽做好生产记录，特别是产蛋记录。一般情况下，鸽蛋取走后，种鸽会在 10 天后产下一窝蛋，这样一个月可以产下 2～3 窝。如果产蛋间隔延长或长时间不产蛋，要找出原因，对于产蛋减少的老龄种鸽要及时淘汰。

2. 双母拼对提高产蛋量

"泰平王鸽蛋鸽'双母拼对'高产蛋率技术方法"由浙江省平阳县星亮鸽业有限公司完成，该项技术已经获得国家专利（项目编号：200810059382）。利用双母拼对，每 10 对母鸽笼之间安插一对公、母鸽。在产蛋鸽产下第二枚蛋后连同产蛋箱一并取出，6 天后放回产蛋箱，待产第二窝蛋。采用"双母拼对"组建产蛋鸽群，每对产蛋鸽月产蛋达 8 枚以上，比原来提高 77.78％，不养种公鸽又可降低饲养成本35%。采用科学的饲养技术，解决了双母拼对不能持久产蛋的瓶颈。双母拼对新技术还有待于在全国推广，实际应用效果有待验证。

3. 增加饲料营养

可以适当增加豆类比例，饮水中定期补充多种维生素，保健砂营养要全面。据报道，在保健砂中添加蛋氨酸可以提高肉鸽产蛋量。

4. 提高蛋壳品质

鸽蛋蛋壳较薄，在产蛋、收蛋、包装环节会造成破损，破蛋率明显升高。有的场包装后销售的鸽蛋破蛋率（破损或裂纹蛋占百分比）高达30%，严重影响鸽蛋的保质期和品质。提高鸽蛋蛋壳品质，关键是保健砂配制要合理，保健砂中钙、磷含量和比例要合适，提供优质钙源，如贝壳粉的效果优于石粉。定期在饲料中添加鱼肝油，也可以补充维生素D，促进钙、磷的吸收与利用。

5. 做好巢盆垫料的管理

每天检查巢盆一次，发现巢盆中缺少垫料要及时补充，垫料被粪便严重污染的也要及时更换掉，否则会造成商品鸽蛋蛋壳污染，缩短保质期。

6. 加强保健和疾病防治工作

每年定期对产鸽群进行新城疫、鸽痘免疫接种与体内外寄生虫的驱除工作，减少疫病发生风险，可以大大提高肉鸽的产蛋率。在天气变化、转群、进行药物预防时，要选择不影响产蛋的药物，磺胺类药物、呋喃类药物、部分抗球虫药物会引起产蛋率的下降。

专题七
肉鸽产品加工与销售关键技术

专题提示

1. 乳鸽产品的营销。
2. 乳鸽屠宰工艺。
3. 鸽肉产品深加工技术。
4. 鸽蛋的包装与营销。
5. 鸽粪的加工与利用。

一、乳鸽产品的营销

乳鸽的上市日龄为 25 ～ 30 天。达到上市日龄的乳鸽要及时和种鸽隔离，待上市出售。超过上市日龄的鸽体重会有所下降，且肉质变差。乳鸽销售有活鸽和白条鸽两种方式，要根据市场行情灵活掌握。受季节、肉鸽生产周期性特点和市场需求变化影响，乳鸽全年价格存在规律性变化（以 2016 年为例）（图51）。

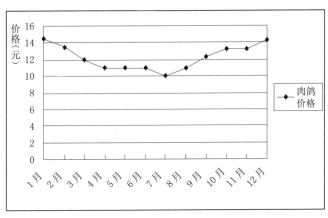

图51　全年肉鸽价格变化规律

1. 活鸽销售

目前国内乳鸽的收购标准一般要求25日龄体重达500克以上，有一定的羽毛，无病、无残，胸肌饱满，用手指从背部向胸部抓过，拇指与中指的距离相差2～3厘米。

乳鸽经屠宰后去掉毛、血和内脏，屠体重达350克以上。王鸽的乳鸽屠体重应达到450克左右，石岐鸽和贺姆鸽屠体应重达410克左右，香港杂交王鸽屠体应重达400～450克。大型肉鸽如展览型白王鸽和灰王鸽体形稍大，但生产性能较低，一般不适宜作乳鸽生产。

国外乳鸽大都经屠宰后再投放市场整只销售，屠体皮肤要求灰白色或浅黄色，无血斑和残存羽毛，有的会加上透明塑料纸包装，并附上生产厂的商标、生产日期和保存日期、保存方法等。国内体形较小的鸽，价格相对要便宜，一般在市场售出，用来作煲汤料或炖品；体形较大的价格相对较高，适合宾馆酒楼，可用以制作红烧乳鸽、炖鸽等。

广东市场上收购的乳鸽一般分为四级：一级要求体重650克以上，收购价为每只13.5～15元；二级体重在600～650克，收购价为每只12.5～13.5元；三级体重在500～600克，收购价为每只11.5～12.5元；四级体重在400～500克，收购价为每只8～10元。收购的乳鸽要求整批体重不能相差太多，一、二级鸽应占80%以上，三级鸽占15%～18%。

2. 白条鸽销售

近年来，我国各地大中城市对肉鸽的消费数量越来越大，特别是大的宾馆、酒店的乳鸽需求量日益增多，受限制城市活禽交易的影响，白条鸽成为城市销售乳鸽的主要方式。在乳鸽消费的淡季，价格下跌，可以冷藏，待价格回升后再上市出售。但冷冻后的胴体皮肤色泽会差些，皮肤颜色多显灰暗，而新鲜乳鸽皮肤呈灰白色或淡红色。若有冷藏仓库，可快速冷冻，将冷藏温度降到－30～－20℃，这样可以保留乳鸽的鲜美味道，酒楼、宾馆和进出口公司仓库可采用此法进行冷藏。经冷藏的乳鸽胴体，可以进行长途运输，如出口日本等地。

3. 深加工销售

现代营养学研究表明，乳鸽不仅肉质细腻鲜美，而且营养价值极高，蛋白质及能量均居肉食品之首，是一种高档营养品和滋补品。原粮饲喂的方式使乳鸽更属绿色食品，可以放心食用，符合现代高收入群体的饮食需求，销量日益增多。畜禽肉类加工属于朝阳产业，但鸽类的深加工产品在市场上少之又少。随着人们生活水平的提高，加之在大中城市人们生活节奏较快，加工后打开即可食用的乳鸽更受人们欢迎，前景十分广阔。

肉鸽养殖场为开拓乳鸽的销路，可考虑与食品加工厂联合开发乳鸽深加工产品。我国的红烧乳鸽举世闻名，若做成罐头类销售或出口，其销路一定供不应求。也可利用乳鸽的滋补作用做成乳鸽滋补罐头，或乳鸽滋补口服液，既有益社会及人类对食品的需要，又能增加乳鸽的销售渠道，有利于商品乳鸽的生产和开发。

二、乳鸽屠宰工艺

1. 待宰乳鸽的选择

乳鸽屠宰最佳日龄为出壳后 25～28 天，这时的乳鸽羽毛丰满，容易拔干净，胴体美观，适合白条销售。但目前国内市场普遍 23 天屠宰，远没有达到最佳上市体重，深加工最好在 28 日龄屠宰。屠宰年龄太早，绒毛不易脱净；屠宰年龄推迟，虽羽毛易脱落，但乳鸽的饲料报酬降低，肌肉丰满下降，鸽肉肥度差，肉老硬。乳鸽上市体重最好达到 500 克以上，最大的可以达到 850 克。

有经验的饲养者可以根据乳鸽羽毛的生长情况大致判断乳鸽日龄，初养者可以根据产蛋等生产记录来判断学习。未满 20 日龄的乳鸽头部尖细的黄色绒毛没有完全褪掉，背上和翅膀的大羽还未长齐，羽根部血管明显。21～25 日龄的乳鸽头部和颈部羽毛覆盖完全，头部部分纤细的绒毛已褪去，身上羽毛基本长齐，但没有完全成熟，无光泽。25～28 日龄乳鸽头颈部纤细的绒毛大部分已被羽毛取代，翅膀主翼羽长出较长，坚硬度增加。30 日龄以上的乳鸽头、颈、身上的尖细绒毛随日龄增加而减少，羽毛成熟，且随日龄增大而越发漂亮，有光泽。

2. 待宰乳鸽的运输

乳鸽的屠宰要运到专门屠宰场进行，方便机械化流水操作，保证食品安全。有些鸽场在场内屠宰，不仅污染养殖环境，还不利于疫病的防控，且容易造成产品污染。乳鸽由养殖场到屠宰场需要专门运输笼（图52），运输笼为塑料笼或铁丝笼，要求笼面光滑，防止挂伤乳鸽皮肤。每笼装20只左右，以每只乳鸽有趴下的位置为宜，避免乳鸽打堆、挤压造成伤亡。密度过大，乳鸽容易在运输过程中相互抓伤背部嫩皮，屠宰后胴体留下伤痕，就成为次品。夏天长途运输必须在晚间进行，堆放多层鸽笼间要留空隙，保证空气流通，必要时上下笼要互相错位，避免笼内因闷热而导致鸽窒息或中暑死亡。不能在运输途中耽误时间，要求直达屠宰场，送至屠宰场后应尽快将鸽笼送进屠宰车间，否则应将鸽笼全部摆放在宽敞遮阳的通风处。

图52 乳鸽运输笼

3. 宰前禁食

宰前禁食可以减少饲料浪费。屠宰前乳鸽一般要禁食6～12小时，使消化道内食物得到充分消化，有利于排空肠道内容物，宰后嗉囊也容易清洗，减少屠宰过程中肠道破裂造成的污染现象发生。乳鸽收笼时间以清晨未开食为好，运到屠宰场在下午进行屠宰。

4. 宰杀放血

传统肉鸽采用不放血闷死法，会影响到皮肤颜色和保质期。现代乳鸽屠宰采用放血法，屠宰人员左手抓住乳鸽的翅膀根部，同时将头部固定后仰，用屠宰刀具在乳鸽下颌部切断颈总动脉、食管、气管，切口尽量小，但放血要完全，保证屠体完整美观，皮肤没有瘀血。

口腔放血法是一种新的屠宰工艺，外观无切口。需要用铁皮做一个圆锥形铁罐，挂在一个固定的铁架上，铁罐上面口大，下面口小。屠宰时将乳鸽头部向下，放在圆锥形铁罐内，头伸出铁罐下部的小口外，屠宰者用小刀伸进鸽口内，直刺头盖骨方向和颈部，然后将小刀迅速旋转拉出，鸽的血液就可以通过颈部血管流出口外。这样屠宰时乳鸽翅膀和双脚不能扑动挣扎，血液流出较完全。

5. 浸烫拔毛

将放血完全的乳鸽置入 60～70℃水中 15～20 秒，并不停翻动。胴体皮肤会变红且柔软，稍凉后拔毛，每只乳鸽拔毛只需 30 秒左右。要注意烫时水温不要太高，时间也不能太长，以免皮肤脱落，颜色变深且缺乏光泽从而影响外观，降低售价。也可以放入自动打毛机脱毛，但需要人工拔净残留羽毛和喙壳与脚皮。如称屠体重需要沥干水分。

6. 开膛去内脏

从嗉囊处剪开皮肤，分离嗉囊、食管。挤压肛门，使粪便排出，在肛门下横剪一刀，长度 2 厘米，伸进手指把肌胃与肠道拉出，肝脏保留在腹腔。市场上销售的白条鸽一般不去嗉囊，仅剪破嗉囊清洗掉内容物，肝脏保留在腹腔，肌胃、腺胃去除。

7. 称重分级

每只白条鸽逐只称重，按重量和肤色分级放入转运箱。在称重分级时注意光鸽的质量，凡带伤痕、破皮、瘦弱、皮肤深暗或有其他缺陷的光鸽另行处理出售。白条鸽的分级标准不同地区有差异，例如，江苏省按重量分为 385 克／只和 415 克／只 2 种规格，河南省的分级标准为大、中、小 3 类，广东省的分级标准更细。

8. 包装冷冻

将去除内脏的白条鸽放入清水盆中浸泡、清洗，彻底清洗干净后码放在周转筐中待售。如果需要长期储存（3 个月），单个装入保鲜袋快速冷冻。包装时乳鸽头颈弯向右侧，夹在右侧翅膀内，并使头露出外面，两脚弯曲折向腹腔开口内，抽真空、封口，然后装箱，放入冷库进行速冻，冷库温度为－18℃。白条乳鸽的冷冻包装见图 53。

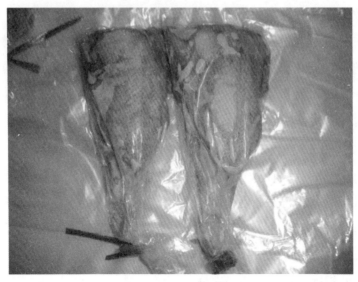

图 53　白条乳鸽冷冻包装

9. 乳鸽屠宰线屠宰工艺

乳鸽现代屠宰工艺采用流水线作业。活鸽上屠宰线吊架由人工操作，鸽在经过电麻醉后切断颈部血管放血，再经过热水烫毛等，均为自动化，到最后分割包装或全净膛包装，作为鲜活产品直送销售网点。此种屠宰线每小时可屠宰1 000只乳鸽，需要10～12人配合进行，在一个会旋转的挂钩上有12个位置，1人吊鸽，1人宰杀，鸽血流入槽内通到木桶内，1人摘下杀好的鸽放入热水中浸泡，有3～4人烫毛、拔毛，2人剖腹，2人整理内脏，2人装塑料袋或装入塑料盘内送入－40～－20℃下速冻。

三、鸽肉产品深加工技术

1. 脆皮乳鸽

脆皮乳鸽是粤菜中的一款名菜。此菜具有皮酥肉嫩、鲜香味美的特点。制作方法如下：

（1）主料　肥嫩乳鸽（2只）、桂皮（少许）、甘草（少许）、八角（少许）、黄酒（325克）、葱花（165克）、姜（80克）、白酱油（80克）、鸡汤（2 500克）、精盐（80克）、饴糖（少许）、白醋（少许）、丁香（4克）。

（2）乳鸽处理　先将乳鸽颈部放血致死，然后将其投入60℃左右的水中浸泡约2分捞出，从头到尾拔净毛，并除去嘴和脚上的老皮，再用温水洗净鸽身，随后用小刀从鸽肛门处开口，掏出内脏和食管、气管，洗净血水后晾干水分待用。如购买白条鸽，将乳鸽除去内脏洗净即可。

（3）腌制　将鸽装入一大盆内，加入精盐、干海椒节、花椒粒、十三香粉、老姜片、白酒等拌匀码味，夏季码味约2小时，春、秋季约5小时，冬天约8小时。

（4）烫皮　大锅上火，掺入清水烧开，放入码好味的乳鸽，烫至紧皮时捞出，晾干水分。也可不腌制，将各种香料放入鸡汤内，上锅烧约1小时，即成白卤水，再将乳鸽放入白卤水内，即停火，浸1小时后取出。

（5）熏制上色　将烫皮后的乳鸽挂入熏炉内，点燃花生壳、茶叶、松柏枝、木炭，但使其没有明火，关上炉门，熏约20分，开炉翻动1次，再熏约20分出炉。熏制的作用主要是上色，另外增加鸽肉风味。如果没有熏炉可以直接上色处理。方法为用饴糖、白醋调成原糊，涂在乳鸽皮上，挂在风凉处吹3小时，等乳鸽皮吹干，直接油炸食用。

（6）卤制　将熏制好的乳鸽放入秘制卤水锅中，浇沸后转小火卤约10分，关火，再闷约20分捞出，用沸水冲洗净乳鸽表面的油污，趁热用洁净毛巾揾干水分，再用毛刷在鸽身均匀地刷上脆皮汁，挂在阴凉通风处晾干。

（7）油炸　锅入色拉油烧至四成热，放入2只晾干的乳鸽即1份菜的量，用小火慢慢地将其浸炸至色呈棕红且表皮酥脆时捞出。

（8）切块装盘　斩成5～7块，摆入盘中还原成鸽形，点缀上15克香菜，随1个椒盐味碟上桌即成（图54）。成品色金黄，皮脆嫩，肉清香。

图54　脆皮乳鸽

2. 酱香乳鸽

（1）加工流程　原料乳鸽选择→宰杀→白条乳鸽腌制→卤制→烘烤→修整→装袋→真空封口→杀菌→包装储运。

（2）原料处理　选择健康肥壮乳鸽作为加工原料，屠宰洗净，取出内脏，用酒精燃烧燎毛后将其置于2%～3%盐水中浸泡30～40分，洗净置于腌制缸中。腌制混合盐的配制：将1.5千克砂糖与9.3千克食盐混匀，混合盐存放于干燥处。辅料的配制：每100千克原料加入白酒1.5～2.8千克，酱油2～3千克，香料水15～20千克，以淹没原料为准。

（3）预煮浸汁 按100千克肉鸽的用量：料酒、味精、老姜各2.5千克，酱油3千克，葱白2～3千克，肉豆蔻、草果、桂皮各0.5～2千克，山奈（砂姜）、八角（大料）各0.3千克。香辛料汤应提前制备，待沸后加入乳鸽再煮沸2～3分，起锅后抹上糖色。香辛料的调整应按乳鸽加工量增减。

（4）烘烤 将鸽头弯曲插入胸部，两爪抓住腹中。烘烤室温80～88℃，时间为1～2小时。如无烘烤设备可置入180～200℃植物油中炸40～60秒。

（5）整形包装 将烤好的鸽剔除骨外露、畸形者，高温复合薄膜包装，1鸽1袋真空封口。

（6）杀菌储存 一般300克装采用升温10分，恒温35分（120℃），再降温至38～42℃的方法杀菌。然后晾干，装入外包装，将外包装封口，装箱后入库储存。

3. 电烤乳鸽

电烤乳鸽是以新鲜乳鸽为原料，经腌制涂料后，用远红外线为热源烤制而成。产品具有外酥内嫩、色鲜味美、麻辣爽口、香而不腻等优点，备受消费者欢迎。

（1）工艺流程 原料乳鸽选择→宰前处理→宰杀白条鸽→去头去爪→清水洗净→浸卤腌制→晾干→烫皮→填料→涂料→整形→晾干→烘烤→成品。

（2）主要设备准备 远红外线烤箱、浸提锅、腌卤缸等。

（3）乳鸽挑选与宰杀 选择出壳25天左右，体重500克左右的健康无病乳鸽为原料。宰前避免鸽剧烈运动、惊吓、过度拥挤、冷热刺激等。送宰前12小时开始停喂，供应充足的饮水。

（4）清水洗净 将净膛的鸽放入清水中浸泡，手工洗去鸽体内膛及体表等处的血水及污物。

（5）浸卤腌制 先按配方比例准确称取全部香辛料，放入盛有3千克水的浸提锅中，加热至沸并用文火保持30分，将浸提液过滤于浸泡缸中，再加入配方中的白糖、黄酒、食盐、四季葱等搅匀，冷却备用。待料液冷却至25℃以下时将处理好的鸽放入腌料液中，腌制4～6小时即可。

腌料配方：（鲜乳鸽5千克）大茴香15克，食盐175克，小茴香4克，花椒20克，四季葱10克，桂皮3克，干辣椒120克，生姜50克，白砂糖100克，味精15克，料酒50克。

（6）晾干与烫皮　将腌制好的鸽坯用挂钩挂在晾架上晾干表皮，然后用勺舀沸腾的卤液浇于鸽体上进行烫皮。这样在烤制时可减少从毛孔中流失脂肪，并使表皮蛋白质凝固，皮肤紧缩，皮下气体最大限度地膨胀，烤后皮层酥脆。烫皮后的鸽坯再挂于晾架上晾干表皮水分。

（7）填料　从烫皮晾干后的鸽坯腹部开口处将葱、姜、香菇等料填入体腔内，然后用钢丝针将口封好即可。填料中葱为鸽重的10％，姜为鸽重的2％，香菇适量。

（8）涂料与晾干　按配方要求将涂液配好搅匀，分两次均匀地涂于鸽体表面。然后挂于通风处晾干。注意涂料时鸽体表面不得沾水、油，以免因涂布不均匀烤时造成花皮现象。涂料配方：饴糖或蜂蜜30％，料酒10％，腌卤料液20％，水40％，辣椒粉适量。

（9）烤制　先将烤箱温度迅速升至230℃，再将涂料晾好的鸽体移入箱内，恒温烤制5分，这时表皮已开始焦糖化。然后打开烤箱排气孔，将炉温降至190℃，烤25分后表面呈金黄色。再关闭电源闷5分，出炉即为成品。

（10）成品　出炉后的成品鸽，鸽腹朝上放入盘中，将钢丝针取下整形后即可出售。

4. 金黄香鸽加工

（1）原料处理　鸽子选用健康无病60日龄以内的肉鸽，鸽的品种和饲养期必须一致，大小基本均匀，胖瘦适中，以便加工和控制质量。采用颈部宰杀法，放血完全，将毛去干净，取出全部内脏、嗉囊、气管、食管，反复清洗，漂尽血污，沥干水分待用。

（2）腌制液配制　腌制液的配比以50千克原料计算：生姜100克，葱150克，大料150克，花椒100克，香菇50克，丁香10克，白芷50克，肉豆蔻5克，草果10克，山奈30克，食盐3.25千克，葡萄糖50克，白糖400克，硝酸钠5克，味精25克，白酒250毫升，黄酒200毫升。

（3）腌制方法　把香料称好后用纱布包好放入适量水中煮沸1～2分，再加入食盐和其他辅料，溶解后过滤，冷却。倒入预先放好鸽的腌制缸中，并压上适当的重物使鸽完全浸没于腌制液中。在腌制过程中适当翻动 2～3 次，使鸽腌制均匀，夏天腌制 12 小时，冬天适当延长。

（4）填料整形　将腌好的鸽放在清水中漂洗，除去污秽杂物，拔净残毛，漂去血水。用调料勺取约 5 克腹内涂料（配方：芝麻油 100 克，辣椒粉 50 克，味精 15 克搅拌均匀），均匀涂于腹腔内壁。每只鸽腹内放生姜 8～10 克，洋葱 8～10 克，鲜菇 10 克，然后将两腿塞入腹腔，整形。用铁钩钩入鸽的腋下待用。

（5）烤制出品　将红外线炉温升至 180℃，将鸽入炉烤 30 分，再将温度升到 240℃，至鸽体全身上色均匀，呈红色或金黄色即可出炉，然后在鸽体上抹一层香油，冷却即为成品。若没有红外线炉，也可用木炭、电烤炉烤制，温度视当地饮食习惯而定。

5. 乳鸽软罐头的加工技术

（1）原料整理　选用健康良好的乳鸽，断食 8～12 小时，宰杀、放血、脱毛。去掉脚爪，取出内脏及瘀血，割除肛门，拉掉食管、气管和嗉囊，洗净沥干备用。

（2）干腌　每 50 千克鸽料用食盐 1 千克，亚硝酸钠 30 克，维生素 C25 克，葡萄糖 400 克，磷酸盐 100 克。将精盐炒干，冷却后与其余料混匀，涂抹鸽全身。肉质处应重点涂抹，涂后一层层堆放缸中，腌制 6～8 小时。

（3）湿腌　每 50 千克干腌乳鸽料用净水 50 千克，精盐 1.5 千克，白糖 1 千克，八角 150 克，桂皮 25 克，丁香 20 克，甘草 250 克，花椒和胡椒各 100 克，茶多酚 5 克。将香辛料用纱布包扎好，放入水中熬煮，至有浓香味后，冲入放有精盐、白糖和茶多酚的腌缸中搅拌，冷却后加入黄酒混匀。将干腌乳鸽冲净沥干，放入湿腌液中腌 8～12 小时。

（4）整理与烘烤　将乳鸽捞出沥干放在工作台上，用手压断锁骨成平板状，用细绳或铁钩钩住送入烘房挂于烘架上，在 45～50℃下烘烤 8～10 小时，至含水量 30% 以下。

（5）切块与包装　将出烘房的半成品刷一层芝麻油，切为 2 厘米宽、3～5 厘米长的条块状，装入复合铝箔蒸煮袋。

（6）杀菌、冷却　送入高温杀菌锅杀菌。出锅后自然冷却。在 37℃ ±2℃ 下存放 5～7 天，检查无胀袋和生霉现象，即可装箱、打包为成品。

6. 麻辣香酥乳鸽软罐头的加工

（1）乳鸽选择　选28天左右，毛重750～1 000克健康无病的乳鸽。

（2）采用颈部宰杀法　放血完全，将毛去干净，掏出全部内脏器官，去脚，最后用清水洗净，将洗净乳鸽在沸水中浸1分，洗去浮油、毛和污物，待用。

（3）卤制　取八角10克，茴香20克，桂皮60克，陈皮40克，酱油500克，丁香20克，山奈30克，花茶25克，砂仁15克，食盐2千克，料酒300克。将香料用纱布包好，放入适量水中煮制20～25分，再加水（前后2次总用水量为100千克）煮沸，调节食盐浓度到4%～5%。将处理好的乳鸽放入卤水中文火卤制15～25分。捞出乳鸽，另取沸水，反复浇淋鸽身，以干净纱布揩干鸽体水分待用。利用不同的温度卤制均能使乳鸽入味和成熟，但低温处理时间过长，劳动效益较低，高温处理虽能缩短时间，但入味不均匀且易破皮。在生产中一般控制在75～80℃，时间20～30分为宜，既缩短时间又保证入味。

（4）抹糖　取麦芽糖用水蒸至溶解后加入白醋、大红浙醋、料酒、清水拌匀后均匀涂抹在鸽体表面，反复抹糖2～3次，保证色泽均匀一致，用小钩将鸽体挂起沥干。

（5）油炸　将油烧至160～180℃时把冷却晾干的乳鸽入锅炸至表面金黄色，鸽肉黏脆香酥时出锅冷却。油炸过程中注意油温不能太高，否则容易使鸽皮起泡、脱离鸽肉，且易炸焦破皮。油温也不能过低，否则鸽皮过厚，且水分损失过多，影响经济效益。

（6）麻辣液浸泡　将油炸的乳鸽趁热在麻辣液中浸泡5～10分，沥干后进行包装。麻辣液配方为（以乳鸽10千克计）：食盐200克，芝麻油200克，味精20克，花椒40克，胡椒20克，辣椒粉20克，葱头30克，姜汁30克，砂糖100克，料酒200克。

（7）包装　将油炸冷却后的乳鸽装入包装袋，在真空包装机上控制真空度在0.1兆帕，热封3档，加热6秒，抽气40秒。

（8）杀菌、冷却　将填充好的软包装放入立式杀菌锅中，加盖，当升温到121℃时杀菌10～20分，待冷却至38～40℃出锅。

如不喜食麻辣口味，也可省去浸泡麻辣液这一工艺流程，但需待油炸出锅冷却后才可包装，由于罐头杀菌以后，鸽体变软，食用前若能复炸一下，风味更佳。

7. 酱炙乳鸽的加工

(1)原料 白条乳鸽 1 只(600 克),甜面酱 40 克,葱花 10 克,姜末 5 克,酱油 35 克,料酒 15 克,味精 5 克,芝麻油 25 克,食盐 15 克。

(2)制作方法 ①将白条鸽放在板上,从尾背部下刀开口,开至前肩骨处,挖出内脏,洗好后放入开水锅内煮透捞出,用干净布擦干。②锅内下入 15 克芝麻油,把甜面酱炸一下,添入高汤,烘成浓汁,盛入碗中,再将汁均匀地抹在鸽身上,放入盛器内上笼蒸熟。③将剩下的 10 克芝麻油下入锅内烧热,放入葱、姜炸一下,下入调料和面酱汁,将鸽腹朝上,背朝下,放入锅内加热酱制。待汁浓时把鸽取出放入盘中即成。

(3)特点 汁柿黄,肉浓烂,味酱香。

8. 全乳鸽肉酱及其制备方法

(1)原料 28 日龄以下的乳鸽,闷杀留血、去毛后净膛,去除嗉囊、肠,保留其血、心、肝、肺、胃及肾。

(2)配料 当归、枸杞子、食盐、味精等。

(3)制作方法 将处理好后的乳鸽整体放入绞肉机中绞碎,加入当归、枸杞子,拌入调料,用锅炒熟后,包装,灭菌。

(4)特点 全乳鸽肉酱不仅鲜美香醇,而且是上好的绿色高级营养补品,特别适合老、幼、弱、病者食用。

四、鸽蛋的包装与营销

1. 鸽蛋营养分析

鸽蛋含有人体必需的氨基酸,蛋白质容易消化吸收。鸽蛋中磷脂、卵磷脂、铁、钙、维生素 A、维生素 B_1、维生素 D 等含量丰富。鸽蛋口感细嫩、爽滑,味道鲜美,长期食用能增强皮肤弹性,改善血液循环,起到美容养颜的功效。目前鸽蛋在大中城市逐渐为人们所青睐,已被作为新一代的美味佳肴。

2. 鸽蛋的滋补功效

中医药学认为,鸽蛋味甘、咸,性平,具有补肝肾、益精气、丰肌肤诸功效。中国医学科学院卫生研究所资料表明,鸽蛋是高蛋白低脂肪的珍品。李时珍《本草纲目》中记载:鸽蛋能调精益气,滋阴补阳。鸽蛋能增强人体的免疫和造血功能,对手术后的伤口愈合,产妇产后的恢复和调理,儿童的发育成长更具功效,是老少皆宜的药膳。鸽蛋对女人特别滋补,是滋阴补肾之佳品,儿童常吃还可预防麻疹。

3. 主要消费市场

早在2 000年前，浙江、上海、江苏等经济发达地区就率先食用鸽蛋，至今全国各地已形成庞大的鸽蛋消费市场。很多养鸽场已形成每到秋季就开始销售鸽蛋至第二年正月的惯例，甚至有的养鸽场常年以生产鸽蛋为主。由于鸽蛋的消费增加，商品乳鸽产量大大减少，这也是长期以来乳鸽市场始终保持供不应求的一个原因。

在我国南方发达地区及韩国、东南亚等地都流行吃鸽蛋，是继吃乳鸽之后又一兴起的鸽产品。而鸽吃的是五谷杂粮，还有由多种微量元素配制的保健砂，更显得鸽蛋是鸽的精华所在。鸽蛋蛋清非常细嫩，筋道十足，蛋黄颜色鲜艳。总之鸽蛋是蛋中珍品，越来越被人们所接受。

4. 适合生产商品鸽蛋的时机

乳鸽是肉鸽生产的主要产品，但在某些时候，适合收取鸽蛋进行销售，往往会比生产乳鸽更能增加收益。

(1)鸽蛋销售旺季　每年的端午节、中秋节、元旦、春节等重大传统节日前，是鸽蛋的销售旺季，往往会形成供不应求的局面，鸽蛋的售价比平时高出30%～50%。这段时间，养殖户要瞄准市场、瞅准时机，做好产品包装与营销，充分组织货源，扩大销量，增加收入。

(2)乳鸽市场疲软时　近年来，乳鸽市场整体行情看好，但有时候受供需关系、突发事件影响，价格也会出现不小波动。例如在2013年全年，受H7N9流感的影响，乳鸽价格一路下滑，甚至跌破了乳鸽的成本价。乳鸽价格低到一定程度，生产乳鸽越多，企业亏损越大，这时就应转变产品结构，由乳鸽生产转向鸽蛋生产，挽回企业经济损失。

(3)冬季　每年冬季，天寒地冻，鸽蛋的受精率、孵化率显著降低，乳鸽生产成本大幅度增加。这段时间正好是鸽蛋的销售旺季，可以及时将鸽蛋取出销售，不让其进行孵化育雏。冬季鸽蛋容易保存、保质期大大延长，鸽蛋可以卖到较高价位。

5. 鸽蛋的包装

(1)大包装箱　此包装适合收购商大批量发给一级经销商使用，可以减少包装与运输成本。大聚苯乙烯泡沫箱，最下层铺3厘米稻壳，将一层鸽蛋平放，其上再放一层稻壳铺平，2厘米左右，依次将鸽蛋稻壳交替铺平，最上面一层放3厘米厚稻壳，加盖，用胶带封口。此种方法占用空间小，适合大批量长途运输。鸽蛋运输装箱见图55。

图55 鸽蛋运输装箱

（2）小礼品包装 此包装为超市或专卖店使用，适合消费者购买，携带方便。用4厘米厚泡沫聚苯乙烯板按照鸽蛋的大小形状做成凹坑，然后将鸽蛋竖放在凹坑中，两块同样的泡沫聚苯板对合在一起，将鸽蛋夹在其中（图56），然后放入纸质包装盒中，此包装鸽蛋每个独立，不会相互碰撞，因此大大减少了破损的概率，适合长途运输。此包装要求鸽蛋大小均匀，刚开产的小蛋不适合。还要求鸽蛋新鲜、干净、无破损，无沙皮蛋。

图56 聚苯乙烯板夹层包装

（3）礼品筐包装（图57） 此包装容量大，适合送礼或家庭消费采购。礼品筐包装适合在当地超市销售，不适合长途运输，因为在运输时鸽蛋之间碰撞容易造成破蛋或裂纹蛋。礼品筐包装的优点是干净卫生、直观，消费者可以从顶部看到鸽蛋。包装盒一般为竹筐，也可以是塑料筐，尽量不要用纸箱，因为用纸箱包装鸽蛋，消费者看不到里面鸽蛋的品质，对鸽蛋的品质不相信。注意筐底要先铺上聚苯乙烯板，厚度2厘米，太薄容易变形。每个包装筐（箱）可以放100枚左右鸽蛋。

图57　礼品筐包装

6. 鸽蛋新鲜度指标

（1）失重率　鸽蛋在储藏前后的失重百分比，用精度为0.1克天平称重计算。计算公式为：

$$失重率（\%）=\frac{（储前重量-储后重量）}{储前重量}×100\%$$

失重率越低，蛋越新鲜。

（2）蛋黄指数　将被检测鸽蛋横向磕破蛋壳，使蛋内容物全部置于玻璃平面上，用蛋白高度测定仪测量蛋黄高度，用精度为0.02毫米的游标卡尺测量蛋黄直径，蛋黄高度与直径之比为蛋黄指数。蛋黄指数越高，蛋越新鲜。

（3）哈夫单位（$H.U.$）　先用精度为0.1克天平称出鸽蛋重量W（克），再将鸽蛋打开放在玻璃平面上，用蛋白高度测定仪测量浓蛋白的高度H（毫米），哈夫单位的计算公式为：

$$H.U. = 100\log（H - 1.7W^{0.37} + 7.57）$$

（4）散黄率　是散黄鸽蛋数占被检鸽蛋总数的百分比。将被检测鸽蛋横向磕破蛋壳，使蛋内容物全部置于玻璃平面上，记录散黄的鸽蛋数，按散黄鸽蛋数除以被检鸽蛋总数计算散黄率。

浙江大学动物科学学院于荟等（2011 年）研究发现，鸽蛋常温 25℃储藏期间，其蛋黄指数和哈夫单位随储藏时间的延长而降低，失重率和散黄率随储藏时间的延长而增高。储藏 28 天的蛋黄指数和哈夫单位分别降低了 21.95％和 16.05％。鸽蛋常温储藏期间各项指标变化情况见表 14。

表 14　鸽蛋常温储藏期间各项指标的变化情况

储藏时间（天） 指　标	0	7	14	21	28
失重率（％）	0.00	1.45	2.98	5.13	8.16
蛋黄指数	0.41	0.35	0.32	0.32	0.32
哈夫单位	81.12	79.75	76.01	74.39	68.10
散黄率（％）	0.00	25.00	37.50	50.00	75.00

7. 鸽蛋的保鲜

由于鸽蛋壳薄，蛋白质含量高，较难保鲜，易变质，储存期较短，不利于储存销售，因而保鲜难成为制约蛋鸽业进一步发展的技术瓶颈。浙江大学专家团队在浙江省平阳县开展了鸽蛋消毒技术、涂膜技术和保鲜等方面的研究，最后形成以清水清洗、充气消毒、低温储存以及真空包装等为一体的简便、高效的鸽蛋保鲜办法，并达到理想的保鲜效果。通过对鸽蛋失重率、哈夫单位、蛋黄指数和散黄率等指标的测定，发现应用该技术，鸽蛋保鲜期可在原来基础上延长 1 倍，保鲜期可达 60～70 天。

浙江大学动物科学学院于荟等研究表明：温度是鸽蛋保鲜的第一要素，常温储藏鸽蛋的保鲜期只有 7 天；适宜的低温储藏可延缓蛋黄指数和哈夫单位的下降速度，减少失重，大幅度地延长鸽蛋的保鲜期，2℃±1℃冷藏条件下可保鲜 40 天；0.5 克／米^{3}臭氧杀菌与冷藏结合可使鸽蛋的保鲜期延长到 60 天；采用清水清洗＋臭氧杀菌＋6％聚丙烯酸涂膜＋冷藏的综合措施处理，可使鸽蛋的保鲜期达 70 天。

五、鸽粪的加工与利用

1. 粪便收集

肉鸽粪便的清理依其饲养规模不同而有所差异，小型肉鸽场多采用人工清理，大型肉鸽场则以机械化清粪方式为主。鸽舍内的粪便不可长期堆积，夏秋季每3天应清理1次，冬春季每周清理1次，粪便清理后，用生石灰或草木灰进行地面、承粪板消毒。

2. 厌氧堆肥

厌氧堆肥是在缺氧条件下利用厌氧微生物进行的一种腐败发酵分解，其终产物除二氧化碳和水外，还有氨、硫化氢、甲烷和其他有机酸等还原性终产物。其中氨、硫化氢及其他还原性终产物有令人讨厌的异臭，而且厌氧堆肥需要的时间也很长，完全腐熟需要几个月的时间。传统的农家肥就是厌氧堆肥。厌氧过程没有氧参加，酸化过程产生的能量较少，许多能量保留在有机酸分子中，在甲烷细菌作用下以甲烷气体的形式释放出来，厌氧堆肥的特点是反应步骤多，速度慢，周期长，占用场地大。小型鸽场粪便产生量小，该处理方法简便，可以采用。

3. 好氧堆肥

好氧堆肥技术经过近几十年的发展，生产技术相对比较先进，又被称为现代化堆肥技术。在堆肥过程中，有机废物中的可溶性物质可透过微生物的细胞壁和细胞膜被微生物直接吸收；而不溶的胶体有机物质，先被吸附在微生物体外，依靠微生物分泌的胞外酶分解为可溶性物质，再渗入细胞。微生物通过自身的生命代谢活动，进行分解代谢（氧化还原过程）和合成代谢（生物合成过程），把一部分被吸收的有机物氧化成简单的无机物，并释放出生物生长、活动所需要的能量；把另一部分有机物转化合成新的细胞物质，使微生物生长繁殖，产生更多的生物体。现代化堆肥生产的最佳温度一般为55℃，按我国粪便无害化卫生标准要求，堆肥最高温度达55℃，要持续5～7天。这是因为大多数微生物在45～80℃最活跃，最易分解有机物，此温度范围内病原菌和寄生虫大多数可被杀死。适合大型肉鸽养殖场粪便处理。

（1）条垛式发酵 条垛式发酵就是将堆肥物料堆积成长条状，可以是矩形、梯形和三角形等，并平行排列起来，在露天或棚架下堆放，每行物料堆宽4～6米，高2米左右，长度可根据需要确定。根据垛体是否装有供气通气管道设备，条垛式发酵分为动态条垛式发酵和静态条垛式发酵。

1）动态条垛式发酵 动态条垛式发酵是垛体不安装供气通气管道设备，而用专门的翻堆机进行通风供氧。翻堆机对物料进行翻转搅动，使空气与物料接触，达到自然通风供氧的目的。除了通风供氧之外，机械翻搅还对物料有破碎和混合作用，有利于产生均匀、细碎的堆肥产品。翻堆机是其关键设备，常见的有链板式翻堆机和螺旋式翻堆机。一般每周搅拌 1～3 次，在翻堆过程中可以根据需要向堆内补充水分以保持物料的水分含量。经过 1～2 个月即可获得腐熟的产品。动态条垛式发酵设备及其工作示意图见图 58。

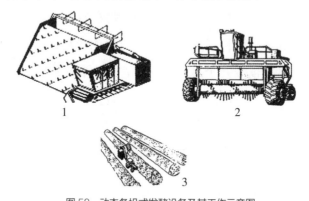

图 58　动态条垛式发酵设备及其工作示意图

1. 链板式翻堆机　2. 螺旋式翻堆机　3. 机械翻堆过程

2）静态条垛式发酵　静态条垛式发酵是另一种敞开式堆肥方法，与动态条垛式发酵不同，静态条垛式发酵需在垛体下铺设专门的通风系统，进行强制供氧。通风供氧系统是静态条垛式发酵的核心；它由高压风机、通风管道和布气装置组成。根据是正压还是负压通风，可把强制通风系统分成正压排气式通风和负压吸气式通风两种（图 59）。

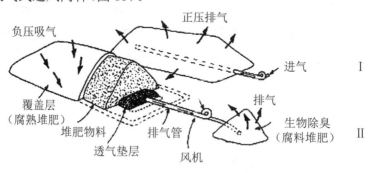

Ⅰ正压排气通风　Ⅱ负压吸气通风

图 59　静态条垛式发酵强制通风系统工作示意图

空气由风机加压（正压通风）后，通过管道被输送到透气垫层，然后再通过透气垫层分布到物料中。透气垫层可用锯末、成品堆肥等作材料，其作用是把空气均匀地散布到物料中。负压通风时，空气的流动情况正好相反。

堆肥物料空隙度对空气的输送影响很大，因此，静态条垛式发酵对物料的尺寸和空隙大小有一定的要求。一般情况下都需要添加膨松剂加以调节，最常用的膨松剂是小木块，它既可以增加物料的空隙度，还可吸收和保持水分。堆肥结束后，通过筛分可把膨松剂分离出来，再循环使用。通常，堆肥的停留时间大约为21天，此后反应堆被拆除，物料经筛分等处理工序后，得到最终的堆肥产品。

通风时间和通风量的大小可通过温度反馈系统进行自动控制，通过空中喷洒系统可向条垛补充水分。此外，由于堆肥过程中要产生臭气，因此条垛后一般都要设置除臭装置。把臭气引入腐熟的堆肥中，利用堆肥吸附过滤臭气是一种简单有效的方法。

(2)搅拌型发酵池　搅拌型发酵池主要由一个长条形的发酵池和一个搅拌翻堆机组成，此外，还有进出料装置、供气装置等附属设备。翻堆机包括行走装置和搅拌装置两大部分。工作时，行走装置在池两边的轨道上牵引搅拌装置向前移动，而搅拌装置也在同时动作，对物料进行翻动、搅拌、混合和破碎，并把物料向出料端输送(图60)。搅拌型发酵池一般设计成多个发酵池平行排列，当一个发酵池的翻堆操作完成后，由专门的移动装置把翻堆机移至下一个发酵池继续工作。搅拌装置有多种形式，常见的有水平螺旋耙齿式、水平螺旋搅龙式和垂直旋转桨式。物料在翻搅过程中获得氧气，但有时也在底部铺设带有小孔的缝隙地板(或管网)供强制通风用，以提高供氧能力。另外，还可装配洒水及排水设施以调节物料水分。一次发酵时间通常在8～12天。

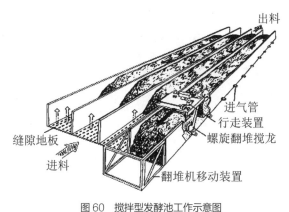

图60　搅拌型发酵池工作示意图

4. 干燥法

(1)太阳能大棚干燥　此法需要太阳能大棚干燥设备，搅拌机在大棚内反复行走、翻动、捣碎、推动粪便，排风机将大棚内的湿气排出棚外，直至粪便中的水分降至需要的含量。此法的优点是节能、运行成本低，但在处理过程中有臭味排放到空气中而造成污染。也可将鸽粪平铺于塑料大棚地面上，厚约2厘米，直至干燥。

（2）快速高温干燥　采用高效燃烧炉，将含水量高的湿鸽粪烘干加工成粉状或颗粒状的有机复合肥料或饲料颗粒。

5. 化学处理

计划化学处理的鸽粪尽早收集，用39％的甲醛混合处理。福尔马林的添加量以干鸽粪的0.7％计算，混匀放置3小时后即可利用。化学处理法可降低蛋白质溶解度，提高蛋白质的利用率。加工后的鸽粪可进行合理利用，可用来喂猪、牛、羊、鸭和鱼等，添加时要循序渐进，一般前5天添加比例不超过5％，以后每隔3～5天增加5％左右，直到10％～20％。病鸽的粪便应剔除，单独采用深埋或焚烧等方式进行无害化处理。